高等学校规划教材

环境监测实验

马林转 主编

化学工业出版社

·北京·

内容简介

《环境监测实验》全书内容包括：绪论，主要介绍环境监测实验的基本要求；第1章水质监测实验，主要介绍环境监测实验过程中监测水体的常见实验；第2章空气质量监测实验，主要介绍环境监测实验过程中监测空气质量的常见实验，使学生能进行空气质量指数的计算；第3章声环境质量监测，主要介绍环境监测实验过程中监测声环境质量的常见实验；第4章固体材料监测，主要介绍监测固体材料的常见实验；第5章为环境拓展创新实验部分。本书内容全面，系统性强，任课教师可根据专业特点和实验室具体情况，有重点地选择部分实验进行教学。

《环境监测实验》可作为高等学校环境科学、环境工程及相关专业的环境监测实验课程的教材，也可供从事环境监测的科技人员等参考使用。

图书在版编目（CIP）数据

环境监测实验/马林转主编. —北京：化学工业出版社，2022.9

高等学校规划教材

ISBN 978-7-122-41915-6

Ⅰ.①环… Ⅱ.①马… Ⅲ.①环境监测-实验-高等学校-教材 Ⅳ.①X83-33

中国版本图书馆 CIP 数据核字（2022）第 137886 号

责任编辑：褚红喜　宋林青
责任校对：王　静
装帧设计：刘丽华

出版发行：化学工业出版社
　　　　　（北京市东城区青年湖南街13号　邮政编码100011）
印　　装：北京天宇星印刷厂
787mm×1092mm　1/16　印张11　字数256千字
2022年11月北京第1版第1次印刷

购书咨询：010-64518888
售后服务：010-64518899
网　　址：http://www.cip.com.cn
凡购买本书，如有缺损质量问题，本社销售中心负责调换。

定　　价：32.00元　　　　　　　版权所有　违者必究

《环境监测实验》

编写组

主　编：马林转

编写人员（按姓氏笔画排序）：

　　　　马林转　王　访　刘满红　李晓芬

　　　　杨　志　段开娇　贾丽娟　谭　伟

前言

随着环境生态文明建设工作的逐步深入，环境保护工作取得了很大的进展，人们对环境的认识和要求不断提高，环境科学研究成果大量涌现，这与环境教育的广泛开展有很大关系。另外，环境科学发展迅速，其深度、广度不断更新，且各个高校的实验仪器设备一直在更新，这就要求教材也要进行相应地更新。

在我国高等学校环境科学、环境工程类专业中，环境监测是一门基础性的必修课程。环境监测实验是环境科学、环境工程及相关专业所开设的实验课程。全书以监测对象为主线，按照环境科学、环境工程类专业培养人才的要求以及环境监测人员运行的项目和方法，构建教材的知识框架，力求体现实际、实践、实用的原则。其主要内容包括：绪论，主要介绍环境监测实验的教学体系及考核方式；第1章水质监测实验，主要介绍环境监测实验过程中监测水体的常见实验；第2章空气质量监测实验，主要介绍环境监测实验过程中监测空气质量的常见实验，使学生能进行空气质量指数的计算；第3章声环境质量监测，主要介绍环境监测实验过程中监测声环境质量的常见实验；第4章固体材料监测，主要介绍监测固体材料的常见实验；第5章为环境拓展创新实验部分。教师可根据专业特点和实验室配套具体情况，有重点地选择部分实验进行教学。

参加本书编写工作的有马林转、王访、刘满红、李晓芬、杨志、段开娇。全书由马林转统稿并修改定稿。另外，感谢2016级、2017级环境科学和环境工程专业的学生们在教材试用过程中提出的宝贵建议，感谢我的研究生张静静、徐明钧在校稿中所做的工作。

由于编者水平有限，书中的疏漏和不妥，敬请批评指正。

编者
2022年5月

目录

绪论 / 001

第1章 水质监测实验 / 003

实验1.1	水中挥发酚类的测定	004
实验1.2	水浊度的测定（分光光度法）	010
实验1.3	水浊度的测定（浊度计法）	013
实验1.4	水中硫化物的测定	017
实验1.5	水质常规五参数的测定	022
实验1.6	水中六价铬的测定	028
实验1.7	水中氨氮的测定（化学法）	034
实验1.8	水中氨氮的测定（仪器法）	039
实验1.9	水中余氯的测定	043
实验1.10	化学需氧量（COD）的测定（重铬酸盐法）	048
实验1.11	化学需氧量（COD）的测定（仪器法）	053
实验1.12	水中溶解氧（DO）的测定	057
实验1.13	五日生化需氧量（BOD_5）的测定	062
实验1.14	水中总氮（TN）的测定	068
实验1.15	水中总磷（TP）的测定	073

第2章 空气质量监测实验 / 077

实验2.1	空气中甲醛浓度的测定	078
实验2.2	环境空气中总悬浮颗粒物的测定	084
实验2.3	空气中二氧化硫的测定	088
实验2.4	空气中氮氧化物的测定	093
实验2.5	室内二氧化碳浓度的测定	097
实验2.6	环境空气中臭氧的测定	101

第3章 声环境质量监测 / 107

实验3.1	环境噪声监测	108

| 实验 3.2 | 道路交通声环境监测实验 | 111 |
| 实验 3.3 | 金属压力容器腐蚀缺陷声发射检测 | 114 |

第 4 章　固体材料监测实验 / 117

实验 4.1	固体废物的采样与制样	118
实验 4.2	固体废物灰分的测定	124
实验 4.3	固体废物水分的测定	127
实验 4.4	固体废物热值的测定	130
实验 4.5	石材放射性的测定	134

第 5 章　环境拓展创新实验 / 137

实验 5.1	固体废物破碎、筛分实验	138
实验 5.2	固体废物热分析实验	142
实验 5.3	土壤阳离子交换量的测定	147
实验 5.4	运用主成分分析法确定湖泊环境污染影响因素	152
实验 5.5	程序升温气相色谱法分离多组分混合样品	159
实验 5.6	纳米 TiO_2 光催化降解亚甲基蓝	162

参考资料 / 167

绪论

环境监测实验是环境监测课程教学中的一个重要环节，通过开展环境监测实验，加强学生理论与实践相结合的能力，培养学生严肃认真和实事求是的工作作风和科学态度，锻炼学生在实践中分析问题和解决问题的能力，激发学生努力开拓、不断创新的精神。

为使实验达到预期目的，特提出如下要求：

1. 实验课前，学生应预习实验内容，了解实验目的、实验原理、实验步骤以及所需仪器、化学药品。

2. 进入实验室，要服从安排，遵守纪律，令行禁止。不准喧哗打闹、随意更换座位；不准随意搬动或调换他人的器材；不准乱丢纸屑、废物，不做与实验无关的事。

3. 实验前，认真听讲，进一步明确实验目的、操作要点及注意事项；进一步了解仪器装置的构造、原理及化学药品的性能。不要提前摆弄仪器或做实验。

4. 实验时，必须按照正确的方法和操作步骤进行实验，认真观察、分析，做好记录，按时完成实验。

5. 实验后，应先切断电源，然后拆线，把仪器、设备和导线整理好，保持实验室清洁。

6. 实验完毕，要做好清洁工作，经教师认可后方可离开实验室。

7. 按要求写实验报告，报告字迹要整齐，数据计算、图表、曲线均应符合要求。

8. 爱护公共财产，节约水电、器材和药品，如因不守纪律、违章操作，损坏仪器设备，浪费器材或药品，要照价赔偿。

9. 切实注意安全，防止触电、中毒、着火、烧伤、割伤、碰伤等事故发生。一旦发生事故，应立即报告教师及时处理。

10. 独立完成实验报告，并对实验进行分析总结。

第1章
水质监测实验

实验 1.1 水中挥发酚类的测定

一、实验目的

1. 了解酚污染对水环境的影响。
2. 掌握用蒸馏法预处理水样的方法和使用分光光度测定水中挥发酚的实验技术。
3. 能简单阐述分光光度法测定挥发酚的原理,分析影响实验测定准确度的因素。

二、实验原理

酚是水体中的重要污染物,会影响水生生物的正常生长,使水产品发臭。水中酚含量超过 0.3mg/L 时,可引起鱼类的中毒。水体中酚的种类较多,部分酚可以挥发。挥发酚类通常指沸点在 230℃ 以下的酚类,属一元酚,是高毒物质。在生活饮用水和Ⅰ、Ⅱ类地表水水质限值均为 0.002mg/L,工业废水中最高容许排放浓度为 0.5mg/L(一、二级标准)。

测定挥发酚类的方法有 4-氨基安替比林分光光度法、溴化滴定法、气相色谱法等。本实验采用 4-氨基安替比林分光光度法测定废水中的挥发酚。

首先,用蒸馏法使挥发性酚类化合物蒸馏出,从而与干扰物质和固定剂分离。由于酚类化合物的挥发速度随馏出液体积而变化,因此,馏出液体积必须与试样体积相等。被蒸馏出的酚类化合物,于 pH 10.0±0.2 介质中,在铁氰化钾存在下,与 4-氨基安替比林反应生成橙红色的安替比林染料,经二氯甲烷萃取,在 510nm 波长处有最大吸收。

本方法适用于饮用水、地表水、农业用水、地下水和工业废水中挥发酚的测定。其最低检出浓度为 0.002mg/L,测定上限为 0.12mg/L。

三、实验仪器与试剂

1. 仪器

500mL 全玻璃蒸馏器、50mL 具塞比色管、比色皿、分光光度计等。

2. 试剂

(1)无酚水:于 1L 水中加入 0.2g 经 200℃ 活化 0.5h 的活性炭粉末,充分振摇后,放置过夜。用双层中速滤纸过滤,滤出液储于硬质玻璃瓶中备用。或加氢氧化钠使水呈强碱性,并滴加高锰酸钾溶液至紫红色,移入蒸馏瓶中加热蒸馏,收集馏出液备用(避免杂质的干扰)。

(2)硫酸铜溶液:称取 50g 五水硫酸铜($CuSO_4 \cdot 5H_2O$)溶于水,稀释至 500mL(去除水中 S^{2-} 的干扰)。

(3)磷酸溶液：量取 10mL 85%磷酸，用水稀释至 100mL（调节 pH，让甲基橙显色）。

(4)甲基橙指示剂溶液：称取 0.05g 甲基橙溶于 100mL 水中（显色剂）。

(5)苯酚标准贮备液[$\rho(C_6H_5OH)\approx 1.00$g/L]：称取 1.00g 无色苯酚溶于水，移入 1000mL 容量瓶中，稀释至标线，置于冰箱内备用。该溶液按下述方法标定。

吸取 10mL 苯酚标准贮备液于 250mL 碘量瓶中，加 100mL 水和 10mL 0.1mol/L 溴酸钾-溴化钾溶液，立即加入 5mL 浓盐酸，盖好瓶塞，轻轻摇匀，于暗处放置 10min。加入 1g 碘化钾，密塞，轻轻摇匀，于暗处放置 5min 后，用 0.0125mol/L 硫代硫酸钠标准溶液滴定至淡黄色，加 1mL 淀粉溶液，继续滴定至蓝色刚好褪去，记录用量。以水代替苯酚标准贮备液做空白试验，记录硫代硫酸钠标准溶液用量。苯酚标准贮备液浓度按下式计算：

$$苯酚标准贮备液浓度(mg/L) = \frac{(V_1 - V_2) \times c \times 15.68}{V}$$

式中　V_1——空白试验消耗硫代硫酸钠标准溶液的体积，mL；

V_2——滴定苯酚标准贮备液时消耗硫代硫酸钠标准溶液的体积，mL；

V——苯酚标准贮备液体积，mL；

c——硫代硫酸钠标准溶液浓度，mol/L；

15.68——苯酚（$1/6C_6H_5OH$）的摩尔质量，g/mol。

(6)$KBrO_3$-KBr 标准参考溶液[$c(1/6KBrO_3)=0.1$mol/L]：称取 2.784g 溴酸钾（$KBrO_3$）溶于水，加入 10g 溴化钾（KBr），使其溶解，移入 1000mL 容量瓶中，稀释至标线，即得。

(7)硫代硫酸钠标准溶液[$c(Na_2S_2O_3)\approx 0.0125$mol/L]：称取 3.1g 硫代硫酸钠，溶于煮沸放冷的水中，加入 0.2g 碳酸钠，溶解后移入 1000mL 容量瓶中，用水稀释至标线，即得。临用前标定。

(8)淀粉溶液（$\rho=0.01$g/mL）：称取 1g 可溶性淀粉，用少量水调成糊状，加沸水至 100mL，冷却后移入试剂瓶中，置于冰箱内冷藏保存。

(9)苯酚标准中间液[$\rho(C_6H_5OH)\approx 10.0$mg/L]：称取 10mL 苯酚标准贮备液，移至 1000mL 容量瓶中，用水稀释至标线，即得。使用时当天配制。

(10)苯酚标准使用液：[$\rho(C_6H_5OH)\approx 1.00$mg/L]：量取 10.00mL 苯酚标准中间液，用水稀释至每毫升含 0.010mg 苯酚，配制后 2h 内使用。

(11)氨性缓冲溶液（pH 约为 10）：称取 2g 氯化铵（NH_4Cl）溶于 100mL 氨水中，加塞，置于冰箱中保存。

(12)2%(m/V) 4-氨基安替比林溶液：称取 4-氨基安替比林（$C_{11}H_{13}N_3O$）2g 溶于水，稀释至 100mL，置于冰箱内保存。可使用一周（与酚类反应后显色）。

注：4-氨基安替比林固体试剂易潮湿结块、易氧化变质，宜保存在干燥器中，可用氯仿萃取。

(13)8%（m/V）铁氰化钾溶液：称取 8g 铁氰化钾（$K_3[Fe(CN)_6]$）溶于水，稀释至 100mL，置于冰箱内保存。可使用一周（催化剂+氧化剂）。

四、实验操作步骤

1. 水样预处理

(1)连接蒸馏装置（注意实验装置的装配）。

（2）量取 250mL 水样置于蒸馏瓶中，加数粒小玻璃珠以防暴沸，再加二滴甲基橙指示剂溶液，用磷酸溶液调节至 pH=4（溶液呈橙红色），加 5.0mL 硫酸铜溶液（如采样时已加过硫酸铜，则补加适量）。

如加入硫酸铜溶液后产生较多量的黑色硫化铜沉淀，则应摇匀后放置片刻，待沉淀后，再滴加硫酸铜溶液，至不再产生沉淀为止。

（3）连接冷凝器，加热蒸馏，一次蒸馏至馏出液为 250mL 为止。

蒸馏过程中，如发现甲基橙的红色褪去，应在蒸馏结束后，再加 1 滴甲基橙指示剂溶液。如发现蒸馏后残液不呈酸性，则应重新取样，增加磷酸溶液加入量，进行蒸馏。

2．标准曲线的绘制

于一组 8 支 50mL 比色管中，分别加入 0.00mL、0.50mL、1.00mL、3.00mL、5.00mL、7.00mL、10.00mL、12.50mL 苯酚标准使用液；加无酚水至 50mL 标线；加入 0.5mL 氨性缓冲溶液，混匀，此时 pH 为 10.0±0.2；加 4-氨基安替比林溶液 1.0mL，混匀；再加入 1.0mL 铁氰化钾溶液，充分混匀。放置 10min 后立即于 510nm 波长处，用 10mm 比色皿，以水为参比，测量吸光度。经空白校正后，绘制吸光度对苯酚含量（mg）的标准曲线。

3．水样的测定

分取适量馏出液（1.00mL，3.00mL，5.00mL）于 50mL 比色管中，稀释至 50mL 标线。用与绘制标准曲线相同步骤测定吸光度，计算结果应为减去空白试验后的吸光度。空白试验是以水代替水样，经蒸馏后，按与水样相同的步骤进行测定，以其结果作为水样测定的空白校正值。

五、注意事项

1．如水样含挥发酚较高，移取适量水样并加至 250mL 进行蒸馏，则在计算时应乘以稀释倍数。

2．当水样中含游离氯等氧化剂，以及硫化物、油类、芳香胺类及甲醛、亚硫酸钠等还原剂时，应在蒸馏前先做适当的预处理。

六、数据记录与处理

吸光度经空白校正后，求出吸光度对苯酚含量（mg）的回归方程；将水样测定吸光度减去空白值后，代入回归方程，得出水样中挥发酚含量，并根据水样体积，计算出水样中挥发酚含量（以苯酚计，mg/L）；最后，绘制吸光度对苯酚含量（mg）的校准曲线，并在图中标出测量点及其水样测定结果。

1．绘制吸光度-苯酚含量（mg）标准曲线

将苯酚标准曲线绘制过程中各溶液的取液量和吸光度测定结果填写于表 1-1 中。

表 1-1 苯酚标准曲线绘制取液表和吸光度测定结果

序号	1	2	3	4	5	6	7	8
苯酚标准使用液/mL	0.00	0.50	1.00	3.00	5.00	7.00	10.00	12.50
无酚水/mL	50.0	49.5	49.0	47.0	45.0	43.0	40.0	37.5

续表

氨性缓冲溶液/mL	0.5	0.5	0.5	0.5	0.5	0.5	0.5	0.5
4-氨基安替比林溶液/mL				1.0				
铁氰化钾溶液/mL				1.0				
吸光度 A								
ΔA								

将水样 1、水样 2、水样 3 的测定结果记录于表 1-2 中。

表 1-2 水样测定记录表

样品	水样 1	水样 2	水样 3
吸光度 A			
ΔA			
酚含量			
平均酚含量			

2. 计算所取水样中挥发酚类含量（以苯酚计，mg/L）

水样中挥发酚类的含量按式（1-1）计算：

$$挥发酚类(以苯酚计, mg/L) = \frac{m}{V} \times 1000 \tag{1-1}$$

式中 m——水样吸光度经空白校正后从标准曲线上查得的苯酚含量，mg；

V——移取馏出液体积，mL。

七、思考题

1. 水中酚的危害有哪些？什么是挥发酚？
2. 如何检验含酚废水中是否存在氧化剂？如有，怎样消除氧化剂？
3. 简述用 4-氨基安替比林测定水中挥发酚的原理。
4. 水样预处理的目的是什么？
5. 当预蒸馏两次，馏出液仍浑浊时，如何处理？
6. 4-氨基安替比林法测定的是最大浓度还是最小浓度？为什么？

八、实验讨论与小结

实验过程中存在的影响结果准确度的因素可能是：

（1）配制溶液时移液管的使用有误，且在读数时存在误差；

（2）用分光光度计测量吸光度时，对分光光度计的使用不够了解。

九、附录

分光光度法是通过测定被测物质在特定波长处或一定波长范围内光的吸收度，对该物质进行定性和定量分析。常用的波长范围为：①200～400nm 的紫外光区；②400～760nm 的可见光区；③2.5～25μm（按波数计为 4000～400cm^{-1}）的红外光区。所用仪器相应为紫外分光光度计、可见光分光光度计（或比色计）、红外分光光度计或原子吸收分光光度计。为保证测量的精密度和准确度，所有仪器应按照国家计量检定规程或本附录规定，定期进行校正检定。

（一）722 型分光光度计操作方法与注意事项

图 1-1 为 722 型分光光度计的实物图。其操作方法和注意事项如下所述。

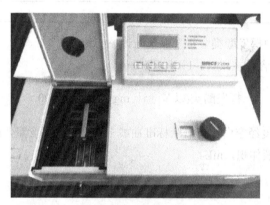

图 1-1　722 型分光光度计

1. 操作方法

（1）接通电源，打开仪器开关，掀开样品室暗箱盖，预热 30min。

（2）将灵敏度开关调至"1"挡（若零点调节器调不到"0"时，需选用较高挡）。

（3）根据所需波长转动波长选择钮。

（4）将空白液及测定液分别倒入比色杯 3/4 处，用擦镜纸擦干外壁，放入样品室内，使空白管对准光路。

（5）在暗箱盖开启状态下调节零点调节器，使读数盘指针指向"0"处。

（6）盖上暗箱盖，调节"100"调节器，使空白管的指针指向"100"，指针稳定后逐步拉出样品滑竿，读出测定管的光密度值，并记录。

（7）比色完毕，关上电源，取出比色皿洗净，样品室用软布或软纸擦净。

2. 注意事项

（1）该仪器应放在干燥的房间内，使用时放置在坚固平稳的工作台上，室内照明不宜太强。热天时不能用电扇直接向仪器吹风，防止灯泡灯丝发亮不稳定。

（2）使用本仪器前，使用者应该首先了解本仪器的结构和工作原理，以及各个操纵旋钮的功能。在未接通电源之前，应该对仪器的安全性能进行检查，电源接线应牢固，通电也要良好，各个调节旋钮的起始位置应该正确,然后再接通电源开关。

(3)在仪器尚未接通电源时,电表指针必须于"0"刻线上,若不是这种情况,则可以用电表上的校正螺丝进行调节。

(二)UV-5100 紫外-可见分光光度计操作方法

图 1-2 为 UV-5100 紫外-可见分光光度计的实物图。其操作方法如下所述。

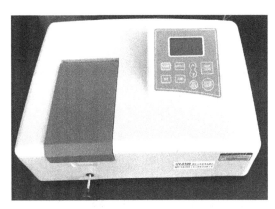

图 1-2 UV-5100 紫外-可见分光光度计

1. 开启和自检

(1)仪器开启:用电源线连接上电源,打开仪器开关(位于仪器的后右侧),仪器开机后进入系统自检过程。

(2)系统自检:如果某一项自检出错,仪器会自动鸣叫报警,同时显示错误项,用户可按任意键跳过,继续自检下一项。

(3)系统预热:自检结束后,仪器进入预热状态,预热时间为 20min,预热结束后仪器会自动检测暗电流一次。预热时可以按任意键跳过。

(4)进入系统主菜单:仪器自检结束后进入主界面。按"MODE"键可以在 T、A、C、F 间自由转换,分别为透过率测试、吸光度测试、标准曲线和系统法等功能。

2. 吸光度测试

(1)按"MODE"键切换至 A 模式(即吸光度测量模式)。

(2)设定工作波长:在系统主界面下,系统的默认功能项为透过率测试,此时直接按"GOTO λ"键可以进入波长设定界面,用上下键来改变波长值,每按一次该键则屏幕上的波长值会相应增加或减少 0.1nm,按"ENTER"键确认。

提示:可以长按此二键,则数字会快速变化,直至所需的波长值为止,按"ENTER"键确认。波长设定完成后自动返回上级界面。

---

(3)按"ZERO"键对当前工作波长下的空白样品进行调 0.000。

(4)进行测量。当调 0.000 完成后,把待测样品拉(推)入光路中,按"ENTER"键进入测量界面,并按"ENTER"键将测量的数据存入数据存储区。

实验1.2 水浊度的测定（分光光度法）

一、实验目的

1. 理解浊度的定义、单位。
2. 学会浊度标准溶液的配制方法。
3. 掌握分光光度法测定水浊度的方法。

二、实验原理

浊度又称为浑浊度，是指溶液对光线通过时所产生的阻碍程度，它包括悬浮物对光的散射和溶质分子对光的吸收。水中的悬浮物一般是泥土、砂粒、微细的有机物和无机物、悬浮物、微生物和胶体物质等。水的浊度不仅与水中悬浮物质的含量有关，而且与它们的大小、形状及折射系数等有关。

水质分析规定：1L 水中含有 1mg SiO_2 所构成的浊度为一个标准浊度单位，简称 1 度，单位为 NTU。通常浊度越高，溶液越浑浊。

在适当的温度下，硫酸肼与六亚甲基四胺聚合，形成白色高分子聚合物（不溶于水的大分子盐类混悬液）。以此作为浊度标准液，在一定条件下与水样浊度相比较。

水样应无碎屑及易沉降的颗粒，器皿不清洁及水中溶解的空气泡会影响测定结果。在 680nm 波长下测定，天然水中存在的淡黄色、淡绿色无干扰。本实验采用分光光度计测定，适用于天然水、饮用水和部分工业用水水质的测定，最低检测浊度为 3 度。

三、实验仪器与试剂

1. 仪器

50mL 比色管、分光光度计等。

2. 试剂

（1）无浊度水：将蒸馏水通过 0.2μm 滤膜过滤，收集于用过滤水荡洗两次的烧瓶中。

（2）浊度贮备液

① 硫酸肼溶液：称取 1.000g 硫酸肼 [$(NH_2)_2SO_4 \cdot H_2SO_4$] 溶于水中，定容至 100mL，即得。

② 六亚甲基四胺溶液：称取 10.00g 六亚甲基四胺 [$(CH_2)_6N_4$] 溶于水中，定容至 100mL，即得。

③ 浊度标准溶液：吸取 5.00mL 硫酸肼溶液与 5.00mL 六亚甲基四胺溶液于 100mL 容量瓶中，混匀，于 25℃±3℃下静置反应 24h，冷却用水稀释至标线，混匀。此溶液浊度为 400 度，

可保存一个月。

四、实验操作步骤

1. 标准曲线的绘制

吸取浊度标准溶液 0.00mL、0.50mL、1.25mL、2.50mL、5.00mL、10.00mL、12.50mL 置于 50mL 比色管中，加无浊度水至标线，摇匀后即得浊度为 0 度、4 度、10 度、20 度、40 度、80 度、100 度的标准系列溶液，在 680nm 波长下，用 3cm 比色皿，测定吸光度，绘制标准曲线。

2. 水样的测定

吸取 50.0mL 水样（水样中不可含有气泡；如果浊度超 100 度，可少取，用无浊度水稀释至 50mL），于 50mL 比色管中，按绘制标准曲线步骤测定吸光度，由标准曲线上查得水样浊度。

五、注意事项

1. 硫酸肼毒性较强，属于致癌物质，取用时注意。
2. 样品收集在具塞玻璃瓶内，应在取样后尽快测定，如需保存，可在 4℃冷藏，暗处保存 24h，测试前要激烈振摇水样，并恢复至室温。
3. 水样应无碎屑及易沉降的颗粒。若器皿不清洁则水中溶解的空气泡会影响测定结果。如果在 610nm 波长下测定，天然水中存在淡黄色、淡绿色不干扰测定。

六、数据记录与处理

1. 实验数据记录

将标准曲线绘制过程中各项数据记录于表 1-3。

表 1-3 标准曲线绘制数据记录表

实验编号	1	2	3	4	5	6	7
浊度标准溶液/mL	0.00	0.50	1.25	2.50	5.00	10.00	12.50
浊度/度	0	4	10	20	40	80	100
吸光度 A							
ΔA							

将水样 1、水样 2、水样 3 的各项测定数据记录于表 1-4。

表 1-4 水样测定记录表

样品	水样 1	水样 2	水样 3
吸光度 A			
ΔA			
浊度/度			
平均值			

2. 浊度的计算

$$浊度 = \frac{A(B+C)}{C} \tag{1-2}$$

式中　A——稀释后水样的浊度；
　　　B——稀释水体积，mL；
　　　C——原水样体积，mL。

七、思考题

1. 试阐述浊度的定义、浊度形成的原因、天然水的处理方法以及测定水样浊度的方法。
2. 阐述浊度测定的意义。
3. 分光光度计法测定浊度的优缺点。

八、实验讨论与小结

该实验采用的是紫外-可见分光光度法，在绘制标准曲线的时候要确保测量的准确性，以免在测量水样浊度时产生较大误差；该方法只适用于天然水、饮用水及高浊度水的测定。

九、附录

紫外-可见分光光度计简介

紫外-可见分光光度计是通过测量待测物质对紫外光或可见光（200～760nm）的吸光度进行定量分析的仪器。它可以测定核酸和蛋白质的浓度，也可以测定细菌细胞密度。

紫外-可见分光光度计可分为单光束、假双光束、双光束。它们的用途又有区别。

（1）单光束：适于在给定波长处测量待测物质的吸光度或透光率，一般不能做全波段光谱扫描，要求光源和检测器具有很高的稳定性。

（2）假双光束：也就是比例双光束，它的原理是由同一单色器发出的光被分成两束，一束直接到达检测器，另一束通过样品后到达另一个检测器。这种仪器的优点是可以消除光源变化带来的误差，但是并不能消除参比造成的影响。

（3）双光束：自动记录，快速全波段扫描。可消除光源不稳定、检测器灵敏度变化等因素的影响，特别适合于结构分析。但仪器复杂，价格较高。

实验 1.3　水浊度的测定（浊度计法）

一、实验目的

1. 了解水浊度测定的意义。
2. 掌握便携式浊度仪的操作方法和现场测定流程。

二、实验原理

浊度是天然水和用水的一项非常重要的水质指标，也是水可能受到污染的重要标志。混浊的水会妨碍光线向水体中的透射，减少透光层深度，影响水生生物和鱼类的生存，还影响水体的娱乐用途，如游泳等水上运动。

利用水中悬浮物对光线透过时所发生的阻碍作用，采用 90°散射光原理，浊度计发出光线，使之穿过一段样品，并从与入射光呈 90°的方向上检测有多少光被水中的颗粒物所散射。在入射光恒定条件下，光束射入样品时产生的散射光的强度与样品中浊度在一定浓度范围内成比例关系，这种散射光测量方法称作散射法。任何真正的浊度都必须按这种方式测量。

浊度计既适用于野外和实验室内的测量，也适用于全天候的连续监测。

三、实验仪器与试剂

1. 仪器

便携式浊度计、胶头滴管等。

2. 试剂

标准溶液、所测水样（校园湖泊水样）。

四、实验操作步骤

1. 便携式浊度仪的验证校准

用标准溶液对便携式浊度仪进行单点验证校准，校正精度在 ±10% 以内则表示仪器准确，可以使用（注：根据测定水样情况选择标准溶液；标准溶液在使用前必须充分摇匀）。

打开电源开关→按上键（验证校准）→放入标准溶液→读取→等待→检测（从小到大进行标定校准）。

2. 样品现场测定

（1）对校园湖泊进行采样布点（每组至少三个点）。

（2）水样采集，用自制采样器对水样进行采取。

（3）现场测定：采用便携式浊度仪进行现场测定，每个点至少测三次，取平均值。

五、注意事项

1. 水样采集时应注意安全，以防落水。
2. 确保仪表在测量期间置于水平、平稳的表面上，不要手持仪器进行测量。
3. 在测量校准和存放期间，始终关闭试样室盖子。
4. 如果仪器要存放较长时间（超过一个月），请从仪器中取出试样容器和电池。
5. 合上试样室盖子，防止灰尘和污物进入。
6. 始终盖上试样容器的盖子，以防试样溅入仪器。
7. 始终使用良好状况下清洁的试样容器。肮脏、划损或损坏的容器可能导致读数不准确。
8. 确保冷的试样不会使容易"结雾"。
9. 将试样容器充满蒸馏水或去离子水进行存放并盖紧盖子。
10. 立即对试样进行测量，以防止温度改变和产生沉淀。
11. 尽可能避免试样稀释。
12. 避免在阳光直接照射下操作。
13. 防止浊度标准溶液被污染。
14. 进行测量前，一定保证试样完全均匀。
15. 测试样品前，需用专用擦拭布进行擦拭，确保瓶壁干净。

六、数据记录与处理

将水样测定数据填于表 1-5。

表 1-5　实验数据记录表

采样点	浊度 1	浊度 2	浊度 3	平均值
1				
2				
3				

七、思考题

1. 阐述浊度计测定水体浊度的原理。
2. 比较分光光度法与浊度计法测定浊度的优缺点。
3. 阐述实验的影响因素。
4. 水样中有气泡应该怎么办？
5. 浊度非常大应该采取什么方法？

八、实验讨论与小结

同一个水域不同测量点浊度会有较大差异,在实验测定过程中,要根据水域范围进行划分,综合进行分析。

九、附录

HACH/哈希 2100q 便携式浊度仪校准和水样测定

图 1-3 浊度仪

图 1-3 为 HACH/哈希 2100q 便携式浊度仪的实物图。为确保最佳精确度,请在校准期间使用相同试样容器。

(1)仪器校准

便携式浊度仪的校准流程见图 1-4。

① 按下"校准"键以进入校准模式。请按显示屏上的指示操作(注:轻轻倒置各标液,后插入标准液)。

② 插入20 NTU StablCal标准液,然后关上盖子。

③ 按"读取"键,显示屏显示"正在稳定处理",然后显示结果。

④ 使用100 NTU 和 800 NTU StablCal 标准液重复第②步和第③步。

⑤ 按下"完成",以查看校准详情。

⑥ 按下"保存",以保存相关结果。

图 1-4 仪器校准流程图

（2）水样测定

使用便携式浊度仪测定水样的流程见图 1-5。

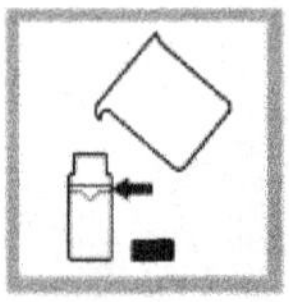

① 将代表性试样收集到清洁的容器中。将试样加到试样容器的刻线大约15 mL处。小心拿着试样容器的顶部，盖上容器盖。

② 用一块不起毛的软布擦拭试样容器，将水点和手指印擦掉。

③ 涂抹一薄层硅油。用一块软布进行擦拭以便在整个表面上形成一层均匀薄膜。

④ 按下"电源"键开启仪表。将仪器放在一个平坦、稳定的表面上。（注：不要手持仪器进行测量。）

⑤ 轻轻倒置试样容器，然后将试样容器插入仪器的容器室内以便菱形或定向标记与容器室前面凸起的定向标记对齐。关上盖子。

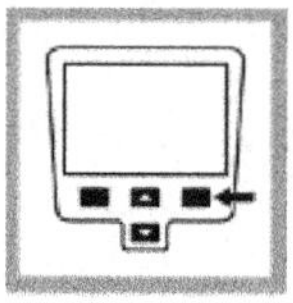

⑥ 按下"读取"，显示屏显示"正在稳定处理"，然后显示浊度以 NTU(FNU) 为单位。显示并自动保存有关结果。

图 1-5　水样测定流程图

实验 1.4 水中硫化物的测定

一、实验目的

1. 了解水中硫化物测定的意义。
2. 掌握含硫废水样的固定方法。
3. 巩固碘量法滴定的基本操作。
4. 掌握碘量法测定硫化物的基本原理。

二、实验原理

水中的硫化物包括溶解性的 H_2S、HS^-、S^{2-}，存在于悬浮物中的可溶性硫化物、可溶性金属硫化物以及未电离的有机或无机类硫化物。硫化氢易从水中逸散于空气中，产生臭味，且毒性很大，它可与人体内的细胞色素、氧化酶及该类物质中的二硫键（—S—S—）作用，影响细胞氧化过程，造成细胞组织缺氧，危及生命。因此硫化物是水体污染的一项重要指标。在厌氧工艺中，一般采用碘量法测定硫化物。即硫化物在酸性条件下，与过量的碘作用，然后剩余的碘用硫代硫酸钠标准溶液滴定，由硫代硫酸钠标准溶液所消耗的量，间接求出硫化物的量。

水样中还原性物质、色度、浊度会干扰测定，必须进行适当的预处理。当水样中只含有少量硫代硫酸盐、亚硫酸盐等干扰物质时，可在现场取样时加过乙酸锌固定水样，用中速定量滤纸或玻璃纤维滤膜进行过滤，然后测定沉淀中的硫化物。

$$Zn(CH_3COO)_2 + H_2S \longrightarrow ZnS\downarrow + 2CH_3COOH$$

$$ZnS + 2HCl \longrightarrow ZnCl_2 + H_2S$$

$$H_2S + I_2 \longrightarrow 2HI + S\downarrow \text{（碘和硫化物的物质的量之比是 1∶1）}$$

$$I_2 + 2Na_2S_2O_3 \longrightarrow 2NaI + Na_2S_4O_6 \text{（碘和硫代硫酸钠的物质的量之比是 1∶2）}$$

本实验方法所测定的硫化物是指水和废水中溶解性的无机硫化物和酸溶性金属硫化物，适用于含硫化物 1mg/L 以上的水和污水的测定。当试样体积为 200mL，用 0.01mol/L 硫代硫酸钠标准溶液滴定时，可用于测定含硫化物 0.40mg/L 以上的水和污水。

三、实验仪器与试剂

1. 仪器

500mL 烧杯、250mL 碘量瓶、50mL 滴定管、中速定量滤纸等。

2. 试剂

（1）1mol/L 乙酸锌溶液：溶解 220g 乙酸锌 [$Zn(CH_3COO)_2 \cdot 2H_2O$] 于水中，用水稀释至

1000mL，即得。

（2）1mol/L NaOH 溶液：溶解 40g NaOH 于水中，用水稀释至 1000mL，即得。

（3）1%淀粉溶液：称取 1g 可溶性淀粉用少量水调成糊状，再用刚煮沸的水冲洗至 100mL。

（4）硫酸溶液（1∶5）。

（5）0.0500mol/L 重铬酸钾（$1/6K_2Cr_2O_7$）标准溶液：称取 105~110℃烘干 2h 并冷却的重铬酸钾 0.6128g 溶于水，移入 250mL 容量瓶中，用水稀释至标线，摇匀即得。

（6）0.05mol/L 硫代硫酸钠标准溶液：称取 12.4g 硫代硫酸钠（$Na_2S_2O_3·5H_2O$）溶于水中，稀释至 1000mL，加入 0.2g 无水碳酸钠，保存于棕色瓶中。

硫代硫酸钠标准溶液的标定：向 250mL 碘量瓶中加入 1g 碘化钾及 50mL 水，加入 0.0500mol/L 重铬酸钾标准 10.00mL，加入硫酸溶液（1∶5）5.00mL，密塞摇匀。置于暗处静置 5min，用待标定的硫代硫酸钠溶液滴定至溶液呈淡黄色时，加入 1mL 淀粉指示剂，继续滴定至蓝色刚好消失，记录标准溶液用量（同时做空白滴定）。硫代硫酸钠标准溶液的浓度按下式计算：

$$c(Na_2S_2O_3) = \frac{10.00 \times 0.0500}{V_1 - V_0} \qquad (1-3)$$

式中　V_1——滴定重铬酸钾标准溶液消耗硫代硫酸钠标准溶液的体积，mL；

　　　V_0——滴定空白溶液消耗硫代硫酸钠标准溶液的体积，mL。

（7）0.05mol/L 碘（$1/2I_2$）标准溶液：准确称取 6.400g 碘于 250mL 烧杯中，加入 20g 碘化钾，加适量水溶解后，转移至 1000mL 棕色容量瓶中，用水稀释至标线，摇匀。

四、实验操作步骤

1．水样固定与保存

硫化物很容易氧化，且硫化氢易从水样中逸出，因此在采集时应防止曝气，并加入一定量的乙酸锌溶液和氢氧化钠溶液，使水样呈碱性并生成硫化锌沉淀。具体操作如下：取 100mL 水样于 100mL 容量瓶中，用蒸馏水稀释至标线，加入 0.2mL 乙酸锌溶液和 0.1mL 氢氧化钠溶液，摇匀沉淀完全后用中速定量滤纸过滤。

2．滴定

将硫化锌沉淀连同滤纸转入 250mL 锥形瓶中，用玻璃棒搅碎，加 50mL 蒸馏水或纯净水、10.00mL 碘标准溶液、5mL 硫酸溶液（1∶5），密塞摇匀，暗处放置 5min，用硫代硫酸钠标准溶液滴定至溶液呈淡黄色时，加入 1mL 淀粉指示剂，继续滴定至蓝色刚好消失，记录标准溶液用量 V_1。

3．空白实验

取 100mL 水样，倒入 250mL 锥形瓶中，加 50mL 蒸馏水或纯净水、10.00mL 碘标准溶液、5mL 硫酸溶液（1∶5），密塞摇匀，暗处放置 5min，用硫代硫酸钠标准溶液滴定至溶液呈淡黄色时，加入 1mL 淀粉指示剂，继续滴定至蓝色刚好消失，记录标准溶液用量 V_0。

五、注意事项

1. 当加入碘标准溶液和硫酸溶液后,若溶液为无色,说明硫化物含量较高,应补加适量碘标准溶液,使呈淡黄棕色。空白实验亦加入相同量的碘标准溶液。

2. 水样的预处理是测定硫化物的一个关键性步骤,应注意既要消除干扰物的影响,又不至于造成硫化物的损失。

(1) 本实验中所采取的乙酸锌沉淀过滤法,适用于含少量硫代硫酸盐、亚硝酸盐等干扰物质的水样。

(2) 若水样中存在悬浮物或浑浊度高、色度深时,宜采用酸化-吹气法。即将现场采集固定后的水样加入一定量的磷酸,使水样中的硫化锌转变为硫化氢气体,利用载气将硫化氢吹出,用乙酸锌-乙酸钠或2%氢氧化钠溶液吸收,再进行测定。

(3) 若水样污染严重,不仅含有不溶性物质及影响测定的还原性物质,并且浊度和色度都高时,宜用过滤-酸化-吹气分离法。即将现场采集且固定的水样,用中速定量滤纸过滤后,按酸化-吹气法进行预处理。

六、数据记录与处理

1. 实验数据的记录

将水样1、水样2、水样3、空白实验的取样量、滴定数据及测定结果记录于表1-6中。

表1-6 实验数据记录表

项目	取样量/mL	滴定前/mL	滴定后/mL	滴定数/mL	硫化物含量/(mg/L)
水样1					
水样2					
水样3					
空白实验					
平均值					

2. 硫化物含量的计算

$$硫化物含量(mg/L) = \frac{(V_0 - V_1) \times c \times 16.03 \times 1000}{V} \tag{1-4}$$

式中 V_0——空白实验中,硫代硫酸钠标准溶液用量,mL;

V_1——水样滴定时,硫代硫酸钠标准溶液用量,mL;

V——水样体积,mL;

16.03——硫离子[$(1/2)S^{2-}$]的摩尔质量,g/mol;

c——硫代硫酸钠标准溶液浓度,mol/L。

七、思考题

1. 简述水中硫化物的危害。
2. 含硫废水样的固定方法是什么？
3. 为什么要对水样进行预处理？
4. 本实验为什么要做空白实验？

八、实验讨论与小结

本实验的重复性较高，具有较高的精确度。但是在对试剂进行配制时，由于人员误差，可能会使所配重铬酸钾标准溶液的浓度不够精确，造成硫代硫酸钠的标定浓度存在误差，从而对硫化物浓度计算结果产生误差。

九、附录

碘量法的分类

碘量法是以碘作为氧化剂，或以碘化物（如碘化钾）作为还原剂进行滴定的方法，它是环境监测中常用的一种氧化还原滴定法。在硫化物的测定中，碘量法是使硫化物在酸性条件下与过量的碘作用，再用硫代硫酸钠标准溶液滴定反应剩余的碘，直到按化学计量定量反应完全为止，然后根据硫代硫酸钠的浓度和用量计量硫化物的含量，滴定时以淀粉指示反应终点。

常用碘量法分类如图 1-6 所示。

图 1-6 常用碘量法分类图

1. 直接碘量法

直接碘量法是用碘标准溶液直接滴定还原性物质的方法。在滴定过程中，I_2 被还原为 I^-：

$$I_2 + 2e^- \rightleftharpoons 2I^-$$

直接碘量法只能在酸性、中性或弱碱性溶液中进行，如果溶液 pH＞9，可发生副反应使测定结果不准确。

直接碘量法可用淀粉指示剂指示终点。化学计量点稍后，溶液中有过量的碘，碘与淀粉结合显蓝色而指示终点到达，反应极为灵敏。

直接碘量法还可利用碘自身的颜色指示终点，化学计量点后，溶液中稍过量的碘显黄色而指示终点。

2. 剩余碘量法

剩余碘量法是在供试品（还原性物质）溶液中先加入定量、过量的碘滴定液，待 I_2 与测定组分反应完全后，然后用硫代硫酸钠标准溶液滴定剩余的碘，以求出待测组分含量的方法。滴定反应为：

$$I_2(定量过量) + 还原性物质 \longrightarrow 2I^- + I_2(剩余) + 氧化性物质$$

$$I_2(剩余) + 2S_2O_3^{2-} \longrightarrow S_4O_6^{2-} + 2I^-$$

使用剩余碘量法时，用淀粉作指示剂。淀粉指示剂应在近终点时加入，因为当溶液中有大量碘存在时，碘易吸附在淀粉表面，从而影响终点的正确判断。

3. 置换碘量法

置换碘量法是先在供试品（氧化性物质）溶液中加入碘化钾，供试品将碘化钾氧化析出定量的碘，碘再用硫代硫酸钠标准溶液滴定，从而可求出待测组分含量。滴定反应为：

$$氧化性物质 + 2I^- \longrightarrow I_2 + 还原性物质$$

$$I_2 + 2S_2O_3^{2-} \longrightarrow S_4O_6^{2-} + 2I^-$$

实验1.5 水质常规五参数的测定

一、实验目的

1. 了解五种水质参数与水环境的相关性及其测定的意义。
2. 掌握DZS-708型水质五参数分析仪的校正及使用方法。

二、实验原理

1. 水质常规五参数

水质监测中的五个常规参数包括：温度、pH、溶解氧、电导率和氧化还原电位。它是地表水污染监测的基本指标。

温度：地表水温度的变化，会对水生野生动物产生重大的负面影响，影响生物生长和鱼虾类动物进食的速度，以及它们的繁殖时间和效率。

pH：地表水水质中pH值的变化会影响藻类对氧气的摄入能力及动物对食物的摄取敏感度；会影响细胞膜转运物质的活性和速率，影响其正常代谢，进而对整个食物网产生影响。

溶解氧：地表水中的溶解氧除了被通常水中硫化物、亚硝酸根、亚铁离子等还原性物质所消耗外，也被水中微生物的呼吸作用以及水中有机物质被好氧微生物的氧化分解所消耗。溶解氧是地表水监测的重要指标，表示水体是否具备自净能力。

电导率：电导率测量值常常被环保内人士称为"水质监测排头兵"，主要是测定水的导电性，监测水体中总的离子浓度，也可以体现其他相关参数—TDS(溶解性固体总量)、盐度(SAL)、溶液中总的离子浓度。它包含了各种化学物质、重金属、杂质等各种导电性物质总量。

氧化还原电位：用来反映水溶液中所有物质表现出来的宏观氧化还原性。氧化还原电位越高，氧化性越强；氧化还原电位越低，还原性越强。电位为正表示溶液显示出一定的氧化性，电位为负则表示溶液显示出一定的还原性。

2. 水质常规五参数的测定原理

DZS-708型多参数分析仪运用各种分析方法配备集成多种传感器、探头，可快速测定水质的温度、pH、溶解氧、电导率、氧化还原电位等各个参数。其结果无需换算，可直接从显示屏上读数。

温度：温度变化会引起热电阻阻值变化，从而引起惠斯顿电桥的两臂电位的变化，这一信号经处理后直接显示温度值。

氧化还原电位：利用指示电极和参比电极进行测量，在两者间进行换算，从而测定氧化还原电位。

溶解氧：溶解氧传感部分是由金电极（阴极）和银电极（阳极）及氯化钾或氢氧化钾电解

液组成，氧通过膜扩散进入电解液与金电极和银电极构成测量回路。

pH：利用能斯特方程，根据参比电极进行测定，直接显示 pH。

电导率：当两个电极插入溶液中，可以测出两电极间的电阻 R，根据欧姆定律 $R=\rho l/A$，l/A 一定，可求得 ρ，称为电阻率，$1/\rho$ 称为电导率，以 κ 表示。

三、实验仪器与试剂

1. 仪器

DZS-708 型多参数分析仪等。

2. 试剂

（1）KCl 标准溶液（0.100mol/L）：称取于 105℃干燥 2h 并冷却的氯化钾 7.45g，溶于纯水中，于 25℃下定容至 1000mL，即得。

（2）pH 标准溶液甲（pH=4.00825）：称取先在 110～130℃干燥 2～3h 的邻苯二甲酸氢钾（$KHC_8H_4O_4$）10.12g 溶于水，并定量转移至容量瓶中稀释至 1L。

（3）pH 标准溶液乙（pH=6.86525）：分别称取先在 110～130℃干燥 2～3h 的磷酸二氢钾（KH_2PO_4）3.388g 和磷酸氢二钠（Na_2HPO_4）3.533g 溶于水，并定量转移至容量瓶中稀释至 1L。磷酸氢二钠应该用 pH 基准级的，是无水的。也可以选用市售的成品 pH 基准级混合磷酸盐。

（4）pH 标准溶液丙（pH=9.18025）：为了使晶体具有一定的组成，应称取与饱和的溴化钠（或氯化钠加蔗糖）溶液（室温）共同放置在干燥器中平衡两昼夜的硼砂 3.80g，溶于水并定量转移至容量瓶中稀释至 1L。

（5）仪器设备自带溶解氧标定标准零氧溶液。

四、实验步骤

1. 水样采集

根据校园湖泊的功能分区，沿湖设置四个采样点，采集水样，带回实验室分析。

2. 仪器安装

检查探头是否接好。

3. 仪器校准

根据所要测定的项目，进行功能设置和校准或标定。

打开仪器电源开关，进入设置，选择测量模式，确认，设置连续测量模式。

（1）pH 电极标定：将电极放入标定 pH 标准溶液（pH=4.00825）时，在 pH 测量状态，按"标定"键选择"pH 电极标定"项后按"确认"键。仪器提示"标定电极吗？"，按"确认"键，仪器即进入标定模块。待显示稳定后，按"确认"键，完成标定，按"结束"。

查阅→选择 pH 测量参数→确认→当前标液组（pH=6.86525）→标定→确认。

查阅→选择 pH 测量参数→确认→当前标液组（pH=9.18025）→标定→确认。

（2）溶解氧标定：为了获得准确的测量结果，溶解氧电极测量前必须进行标定。仪器具有多种标定功能，如零氧标定、满度标定。

在溶解氧测量状态下，按"标定"键选择"标定溶解氧电极"项并确认后即可开始溶解氧电极的标定，显示如图 1-7。

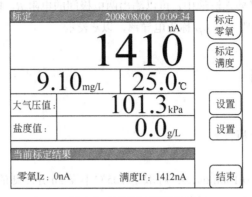

图 1-7 溶解氧标定显示图

其中显示屏上方为当前的溶解氧电极电流、溶解氧浓度值以及当前的温度值；中间为当前的大气压值和盐度值；下面为当前标定结果。右面为按键，分别为"标定零氧""标定满度"和设置大气压值和盐度值的"设置"键等。

① 零氧标定：将溶解氧电极用蒸馏水清洗后放入 5%的新鲜配制的亚硫酸钠溶液中。待读数稳定后按"标定零氧"键，在"确认"后，仪器即自动记录零氧值，零氧标定结束。

② 满度标定：把溶解氧电极从溶液中取出，用水冲洗干净，用滤纸小心吸干薄膜表面的水分，并放入盛有蒸馏水容器（如三角烧瓶、高脚烧杯）靠近水面上方位置，但电极表面不能沾上水滴。按"标定"键并进入溶解氧标定状态。待读数稳定后按"标定满度"键，在"确认"后，仪器即自动记录满度值，满度标定结束。

③ 盐度值设置：溶解氧值与盐度值有关，仪器默认设置的盐度值为 0.0mg/L，测量前应选择合适的盐度值。仪器有两个方法设置溶解氧盐度值。第一，在溶解氧电极标定时，按盐度值旁边的"设置"键，仪器弹出一个输入窗口，用户直接输入盐度值即可；第二，在查阅溶解氧使用参数时，同样可以设置盐度值。

④ 大气压值设置：仪器测得的溶解氧值与大气压值有关，仪器默认设置的大气压值为 101.3kPa，测量前应选择合适的大气压值。仪器同样有两个方法设置溶解氧大气压值。第一，在溶解氧电极标定时，按大气压值旁边的"设置"键，仪器弹出一个输入窗口，用户直接输入大气压值即可；第二，在查阅溶解氧使用参数时，同样可以设置大气压值。

(3) 电导常数标定：电导电极出厂时，每支电极都标有电极常数值。若怀疑电极常数不正确，可以按照以下步骤进行重新标定。

根据电极常数，选择合适的标准溶液（见表 1-7）、配制方法（见表 1-8）、标准溶液与电导率值关系表（见表 1-9）。

表 1-7 测定电极常数的 KCl 标准溶液

电极常数/cm^{-1}	0.01	0.1	1	10
KCl 溶液近似浓度/(mol/L)	0.001	0.01	0.01 或 0.1	0.1 或 1

表 1-8 标准溶液的组成

近似浓度/(mol/L)	容量浓度 KCl（g/L）溶液（20℃ 空气中）
1	74.2457
0.1	7.4365
0.01	0.7440
0.001	将 100mL 0.01mol/L 的溶液稀释至 1L

表 1-9 KCl 溶液近似浓度及其电导率值关系

近似浓度/(mol/L)	15.0℃	18.0℃	20.0℃	25.0℃	35.0℃
1	12120	98700	101700	111310	131100
0.1	10455	11163	11644	12852	15353
0.01	1141.4	1220.0	1273.7	1408.3	1687.6
0.001	118.5	126.7	132.2	146.6	176.5

① 将电导电极接入仪器，断开温度电极（仪器不接温度传感器），仪器则以手动温度作为当前温度值，设置手动温度为 25.0℃，此时仪器所显示的电导率是未经温度补偿的绝对电导率值；

② 用蒸馏水清洗电导电极；

③ 将电导电极浸入标准溶液中；

④ 控制溶液温度恒定为：（25.0±0.1）℃或（20.0±0.1）℃或（18.0±0.1）℃或（15.0±0.1）℃；

⑤ 按"标定"键选择"标定电极常数"项并确认后进入电极常数标定状态，显示如图 1-8；

⑥ 按"设置"键，输入表 1-9 中相应的数据，即当前标准溶液的电导率值；

⑦ 待仪器读数稳定后，按下"确认"键，仪器即自动计算出新的电极常数值，标定结束；

⑧ 按"结束"键，仪器终止电极常数标定。

（4）氧化还原电位和温度无需标定，直接测量即可。

4．水样分析测定

将电极浸入待测水样中，待读数稳定后记录数值，每个取样点做两个平行测定。测量结果显示界面见图 1-9。

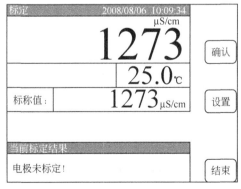

图 1-8 电极常数标定显示图

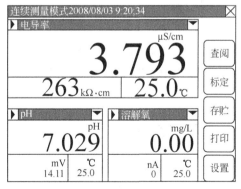

图 1-9 选择电导率、pH、溶解氧测量参数时测量显示图

五、注意事项

1. 现场采样应注意安全，水样即采即测。
2. 仪器必须开机预热 0.5h 后方可进行测量。
3. 对于离子模块的测量，为了保证仪器高精度测量，在开机预热 0.5h 后进行零点电位校正。
4. 为了保护和更好的使用仪器，每次开机前，一定要检查仪器后面的 pH 电极插口，必须保证它们连接有测量电极或者短路插头，否则有可能损坏仪器的高阻器件。
5. 仪器不使用时，短路插头也要接上，以免仪器输入开路损坏仪器，带来不必要的损失。
6. 连续使用时电源适配器外壳会比较烫，请小心，应避免直接接触，等关机一段时间后再断开电源。
7. 注意不要污染电极保护标液。
8. 电极使用完后，需清洗后再放入保护溶液中。
9. 溶解氧电极与温度传感器不能同时使用，否则温度显示不正常。

六、数据记录与处理

将校园湖泊四个采样点的常规五参数测定数据记录于表 1-10。

表 1-10　数据记录表

采样点	温度/℃	pH	溶解氧（DO）/（mg/L）	电导率/（μS/cm）	氧化还原电位（ORP）/mV
1					
2					
3					
4					
平均值					

根据测定结果对校园湖泊水体的水质做出评价。

七、思考题

1. 简述测定水质五参数的意义。
2. 简述水质五参数对水环境的影响。

八、实验讨论与小结

利用仪器在线监控系统实现对水质的综合分析，对水质监测数据进行相关处理，实时监测水质的状况。虽然可以快速分析判断，但是监测分析数据具有一定的误差。

九、附录

不同温度下水中饱和溶解氧

不同温度下水中饱和溶解氧（101.3kPa）量如表 1-11 所示。

表 1-11　不同温度下水中饱和溶解氧（101.3kPa）

温度/℃	溶解氧/(mg/L)	温度/℃	溶解氧/(mg/L)	温度/℃	溶解氧/(mg/L)
0	14.60	9	11.55	18	9.45
1	14.19	10	11.27	19	9.26
2	13.81	11	11.01	20	9.07
3	13.44	12	10.76	21	8.90
4	13.09	13	10.52	22	8.72
5	12.75	14	10.29	23	8.56
6	12.43	15	10.07	24	8.40
7	12.12	16	9.85	25	8.24
8	11.83	17	9.65	26	8.09
27	7.95	35	6.93	43	6.13
28	7.81	36	6.82	44	6.04
29	7.67	37	6.71	45	5.95
30	7.54	38	6.61	46	5.86
31	7.41	39	6.51	47	5.78
32	7.28	40	6.41	48	5.70
33	7.16	41	6.31	49	5.62
34	7.05	42	6.22	50	5.54

实验 1.6　水中六价铬的测定

一、实验目的

1. 了解水中六价铬测定的意义。
2. 掌握二苯碳酰二肼分光光度法测定六价铬的原理和方法。
3. 熟练分光光度计的使用。

二、实验原理

铬是"中国环境优先污染物黑名单"上优先监测的重金属之一。铬的化合物中 Cr(Ⅵ)、Cr(Ⅲ)毒性依次减小，金属铬可以认为无毒。环境中的铬主要来源于工业排放的废水、废渣，等它们进入环境后，特别是进入水体后将造成很大的危害。暴露在高浓度的铬及其化合物的环境中是非常有害的，尤其是六价铬具有很强的毒性，它干扰重要的酶体系，损伤肝肾，造成皮肤过敏，呼吸系统炎症，感觉器官结构化，甚至造成死亡，此外还有强的致癌、致畸形、致突变作用。流行病学调查发现接触铬酸盐的人发生肺癌的危险性比一般人要高一倍。接触铬色素生产的工人发生肺癌的危险性比一般人要高出 3~30 倍。因此铬目前被公认为致癌金属元素。铬容易被动植物体吸收且可在体内蓄积，因此废水中铬的测定在环境卫生和环境监测等方面具有重要的意义。国家规定排放废水中 Cr(Ⅵ)的最大允许质量浓度为 0.5mg/L。

测定水中铬的方法常见的有二苯碳酰二肼分光光度法、原子吸收光度法和滴定法。其中最常用的为二苯碳酰二肼分光光度法，它是在酸性溶液中，六价铬离子与二苯碳酰二肼反应，生成紫红色化合物，其最大吸收波长为 540nm，其吸光度与浓度的关系符合比尔定律。如果测定总铬，需先用高锰酸钾将水样中的三价铬氧化为六价铬，再用分光光度法测定。注意：使用光程长为 30mm 的比色皿，该方法最小检出量为 0.2μg Cr(Ⅵ)，最低检出浓度为 0.004mg/L；使用光程长为 10mm 的比色皿，测定上限浓度为 1.0mg/L。

三、实验仪器与试剂

1. 仪器

分光光度计、比色皿（1cm、3cm）、50mL 具塞比色管、移液管、容量瓶、烧杯、吸耳球、洗瓶等。

2. 试剂

测定过程中，除非另有说明，均使用符合国家标准或专业标准的分析纯试剂和蒸馏水或同等纯度的水，所有试剂应不含铬。

(1）丙酮。

（2）硫酸（1:1）溶液：将硫酸（H_2SO_4，ρ=1.84g/mL，优级纯）缓缓加入到同体积的水中，混匀，即得。

（3）磷酸（1:1）溶液：将磷酸（H_3PO_4，ρ=1.69g/mL，优级纯）与水等体积混合，即得。

（4）4g/L 氢氧化钠溶液：将氢氧化钠（NaOH）1g 溶于水并稀释至 250mL。

（5）氢氧化锌共沉淀剂：先称取硫酸锌（$ZnSO_4 \cdot 7H_2O$）8g，溶于 100mL 水中，再称取 2.4g 氢氧化钠，溶于 120mL 水中，用时混合。

（6）40g/L 高锰酸钾溶液：称取高锰酸钾（$KMnO_4$）4g，在加热和搅拌下溶于水，最后稀释至 100mL。

（7）铬标准贮备液：称取 110g 干燥 2h 的重铬酸钾（$K_2Cr_2O_7$，优级纯）0.282g，用水稀释至标线，使 1mL 溶液含 0.1mg 六价铬，摇匀。

（8）铬标准溶液 1：量取 5.00mL 铬标准贮备液（7）置于 500mL 容量瓶中，用水稀释至标线，使 1mL 溶液含 1.00μg 六价铬，摇匀。使用当天配制此溶液。

铬标准溶液 2：量取 25.00mL 铬标准贮备液（7）置于 500mL 容量瓶中，用水稀释至标线，使 1mL 溶液含 5.00μg 六价铬，摇匀。使用当天配制此溶液。

（9）200g/L 尿素溶液：将尿素$[(NH_2)_2CO]$20g 溶于水并稀释至 100mL。

（10）20g/L 亚硝酸钠溶液：将亚硝酸钠（$NaNO_2$）2g 溶于水并稀释至 100mL。

（11）显色剂（Ⅰ）：称取二苯碳酰二肼 0.2g，溶于 50mL 丙酮中，加水稀释至 100mL，摇匀。贮于棕色瓶，置于冰箱中。色变深后，不能使用。

显色剂（Ⅱ）：称取二苯碳酰二肼 2g，溶于 50mL 丙酮中，加水稀释至 100mL，摇匀。贮于棕色瓶，置于冰箱中。色变深后，不能使用。

（12）待测样品。

四、实验操作步骤

1．样品的采集

玻璃瓶采集水样，加 NaOH 溶液调节 pH=8 后保存，在 24h 内测定。

注意：采集的水样不应使用磨口及内壁已磨的容器，以避免吸附铬。

2．样品的预处理

（1）样品中不含悬浮物，若是低色度的清洁地面水可直接测定。

（2）色度校正：如样品有颜色但不太深时，在"水样的测定"步骤完成后，另取一份试样，以 2mL 丙酮代替显色剂，其他步骤同样按照"水样的测定"步骤。试剂测得的吸光度扣除此色度校正吸光度后，再行计算。

（3）锌盐沉淀分离法：对浑浊、色度较深的样品可用此法前处理。

取适量样品（含六价铬少于 100μg）于 150mL 烧杯中，加水至 50mL。滴加氢氧化钠溶液，调节溶液 pH 至 7~8。在不断搅拌下，滴加氢氧化锌共沉淀剂至溶液 pH 为 8~9。将此溶液转移至 100mL 容量瓶中，用水稀释至标线。用慢速滤纸过滤，弃去 10~20mL 初滤液，取其中 50.0mL 滤液供测定。

（4）二价铁、亚硫酸盐、硫代硫酸盐等还原性物质的消除：取适量样品（含六价铬少于50μg）于50mL比色管中，用水稀释至标线，加入4mL显色剂（Ⅱ），混匀，放置5min后，加入1mL硫酸溶液摇匀。5～10min后，在540nm波长处，用10mm或30mm光程的比色皿，以水作参比，测定吸光度。扣除空白实验测得的吸光度后，从标准曲线查得六价铬含量。用同法做标准曲线。

（5）次氯酸盐等氧化性物质的消除：取适量样品（含六价铬少于50μg）于50mL比色管中，用水稀释至标线，加入0.5mL硫酸溶液（1∶1）、0.5mL磷酸溶液（1∶1）、1.0mL尿素溶液，摇匀。逐滴加入1mL亚硝酸钠溶液，边加边摇，以除去由过量的亚硝酸钠与尿素反应生成的气泡，待气泡除尽后，以下步骤同"水样的测定"步骤（注意免去加硫酸液和磷酸溶液）。

3．样品测定

（1）标准曲线的绘制

取9支50mL比色管，依次加入0mL、0.20mL、0.50mL、1.00mL、2.00mL、4.00mL、6.00mL、8.00mL和10.0mL铬标准溶液1或2（如经锌盐沉淀分离法前处理，则应加倍吸取），用水稀释至标线，加入硫酸溶液（1∶1）0.5mL和磷酸溶液（1∶1）0.5mL，摇匀。加入2mL显色剂（Ⅰ）溶液，摇匀。5～10min后，于540nm波长处，用10mm或30mm的比色皿，以水作参比，测定吸光度并做空白校正。以吸光度为纵坐标，相应六价铬含量为横坐标，绘出标准曲线。

（2）水样的测定

取适量（5mL、10mL或50mL）（含六价铬少于50μg）无色透明或经处理的水样于50mL比色管中，用水稀释至标线。加入硫酸（1∶1）0.5mL和磷酸（1∶1）0.5mL，摇匀。加入2mL显色剂（Ⅰ）溶液，摇匀。5～10min后，于540nm波长处，用10mm或30mm的比色皿，以水作参比，测定吸光度并做空白校正。从所绘制的标准曲线上查得水样中六价铬含量。

注：如经锌盐沉淀分离，高锰酸氧化法处理的样品，可直接加入显色剂（Ⅰ）或（Ⅱ）测定。

五、注意事项

1．采集样品时：实验室样品应该用玻璃瓶采集。采集时，加入氢氧化钠，调节样品pH约为8。并在采集后尽快测定，如放置，不要超过24h。

2．所有玻璃器皿内壁须光洁，以免吸附铬离子。不得用重铬酸钾洗液洗涤。可用硝酸、硝酸混合液或合成洗涤剂洗涤，洗涤后要冲洗干净。

3．水中含有低价铁、亚硫酸盐、硫化物等还原性物质时，调节pH=8后加入显色剂（Ⅱ）5min后酸化显色。

4．水中含有次氯酸盐等氧化性物质时，需加入尿素和亚硝酸钠消除。

5．氧化性、还原性物质均有干扰，水样浑浊时，不便测定。

6．水中有机物也有干扰，可加高锰酸钾氧化后测定。

7．六价铬与显色剂的显色反应一般控制酸度在0.05～0.3mol/L（1/2H_2SO_4）范围，以0.2mol/L时显色最好。显色前，水样应调至中性。显色温度和放置时间对显色有影响，在15℃时，5～15min颜色即可稳定。

8. 含铁量大于 1mg/L 显色后呈黄色,六价钼和汞也和显色剂反应,生成有色化合物,但在本方法的显色酸度下,反应不灵敏,钼和汞的浓度达 200mg/L 不干扰测定。钒会产生干扰,其含量高于 4mg/L 会干扰显色。但钒与显色剂反应后 10min,可自行褪色。

六、数据记录与处理

1. 实验数据记录表

(1) 标准曲线绘制记录

标准曲线绘制步骤中的各项数据记录于表 1-12。

表 1-12 数据记录表

铬标准溶液/mL	0	0.2	0.5	1.0	2.0	4.0	6.0	8.0	10.0
铬含量/mg	0	0.2	0.5	1.0	2.0	4.0	6.0	8.0	10.0
加水至标线/mL									
硫酸溶液(1:1)/mL				0.5					
磷酸溶液(1:1)/mL				0.5					
显色剂/mL				2.0					
吸光度 A									
ΔA									

(2) 水样测定记录

三次水样测定数据记录于表 1-13。

表 1-13 水样测定记录

样品	水样 1(5mL)	水样 2(10mL)	水样 3(50mL)
吸光度 A			
ΔA			
Cr(Ⅵ)/(mg/L)			
平均值			

2. 六价铬的计算

$$c[\mathrm{Cr(Ⅵ)},\ \mathrm{mg/L}] = m/V \tag{1-5}$$

式中 m——由标准曲线上查得的六价铬含量,μg;

V——水样的体积,mL。

若六价铬含量低于 0.1mg/L,结果以三位小数表示;若六价铬含量高于 0.1mg/L,结果以三位有效数字表示。

七、思考题

1. 简述铬的性质。

2. 简述水中铬的主要存在形态、来源以及危害。
3. 如何避免六价铬和三价铬的转换？
4. 如何运用二苯碳酰二肼分光光度法测定水中总铬？
5. 二苯碳酰二肼分光光度法测定溶液铬的条件有哪些？

八、实验讨论与小结

分光光度法测定水中六价铬的含量，简单便捷，而水样的预处理会对测定结果产生影响，要选取有效的水样预处理方法。

九、附录

水样的常见预处理方法

样品前处理是目前分析测试工作的瓶颈，也是国内外研究的薄弱环节。因为样品被沾污或者因吸附、挥发等造成的损失，往往使监测结果失去准确性，甚至得出错误的结论，所以样品前处理过程是保证监测结果准确度的一个重要环节，样品前处理技术方法及需要注意的问题是保证监测结果真实可靠的保障。

常用的水样前处理方法有多种。常用的无机物测定的前处理方法有过滤、絮凝沉淀、蒸馏、酸化吹气法等。Cu、Pb、Zn、Cd 等重金属的前处理一般选用消解的方法。从环境水样中富集分离有机物的方法也有许多：对于半挥发性有机物，主要的富集分离方法有液-液萃取、液-固萃取及固相微萃取等；对挥发性有机物，主要有吹脱捕集法-顶空法和液-液萃取。

环境水样前处理具体方法的选择应根据处理方法对被测组分的实际影响、测定项目的要求和水样特点等来确定，每种处理方法都有一定的技术要求，操作方法选择不当，都会直接影响监测结果的准确性。

1. 环境水样过滤、絮凝沉淀前处理方法

测定天然水样溶解态元素时，用 0.45μm 滤膜预处理水样，0.45μm 滤膜能够方便地区分开溶解物和颗粒物，如可溶性正磷酸盐，及 Fe、Cd、Cu、Pb 等溶解态的测定，水样采集后立即用 0.45μm 滤膜过滤，弃去初始 50～100mL 溶液，收集所需体积的滤液供测定使用，或直接测定，或消解后测定。测定元素总量时，取一定量均匀水样直接消解后进行测定，如总磷、总铁、总铅等。水样的过滤和不过滤对测定结果影响很大，有时可能相差百分之几十甚至几倍。根据测定要求，决定水样是否过滤；否则，严重影响测定结果的准确性。

对于污染较轻的地面水中有些无机物的测定，采用絮凝沉淀处理方法对水样进行前处理。如硫化物测定时，可先用乙酸锌沉淀法除去可溶性还原剂（如亚硫酸盐、硫代硫酸盐等）的干扰，用中速定量滤纸或玻璃纤维滤膜对加入乙酸锌的水样进行过滤，测定沉淀物中的硫化物。测定氯化物、硝酸盐氮、亚硝酸盐氮、氨氮、六价铬等，采用絮凝沉淀法对水样进行前处理。不同的分析项目，絮凝沉淀前处理方法略有差别，但原理都是利用氢氧化物沉淀吸附作用以消除或减弱干扰，过滤后测定滤液中该物质含量一般采用慢速或中速定量滤纸过滤，因为定量滤

纸预先已用盐酸和氢氟酸处理过，其中大部分无机物已被除去。采用滤纸为滤料时，用前还应先用蒸馏水洗滤纸，进一步除去可溶性物质，并弃去初滤液 20mL。

2. 环境水样蒸馏前处理方法

蒸馏法是环境水样前处理的常用方法，可将氯化物、氰化物、挥发酚等以酸的形式蒸出，氨氮以氨的形式蒸出，而干扰物质留在溶液中。蒸馏水样时，调节水样的 pH 非常重要。氟化物在含高氯酸的溶液中，以氟硅酸或氢氟酸被蒸出，含氰化物、酚水样的蒸馏一般用磷酸调节至 pH 为 4，氰化物以氰化氢形式被蒸馏出来，挥发酚和水蒸气一起蒸出。蒸馏含酚水样时，馏出液体积和原基馏液相当。蒸馏后的残液也须呈酸性。如不呈酸性，则应重新取样。增加磷酸加入量，进行蒸馏，否则苯酚未全部蒸馏，会使测定结果偏低。注意检查蒸馏和吸收装置的连接部位，使其严密，氰化物、氨氮蒸馏装置的导管下端插入吸收液面下，这些细节都必须注意，否则蒸馏液损失，会使测定结果偏低。蒸馏温度应适当，更应避免发生暴沸，否则可造成馏出液温度升高，氰化氢、氨吸收不完全。

3. 环境水样消解前处理方法

金属及其化合物的测定，常选择消解水样的方法，通过消解使水样中无机结合态的和有机结合态的金属以及悬浮颗粒物中的金属化合物转变为游离态的离子，以便于进行原子吸收法等测定。用原子吸收法测定金属时，消解用酸的选择非常重要，作为基体应不影响后面的原子吸收测定。对于火焰原子吸收法，一般以稀 HNO_3 介质为佳，$HClO_3$ 次之；因 H_2SO_4、H_3PO_4 存在化学干扰，也不宜选用。对于石墨炉原子吸收法一般以 HNO_3 介质为佳，应避免使用 HCl 介质，因一些金属的氯化物在灰化阶段易挥发损失，如 $CdCl_2$、$ZnCl_2$、$PbCl_2$ 等，同时 NaCl、$CaCl_2$、$MgCl_2$ 常常产生基体干扰，也要避免使用 H_2SO_4 和 $HClO_3$ 介质，即使使用了对以后测定有干扰的酸，应在蒸至近干时予以除去，并用标准加入法检查是否存在基体干扰。同时还应注意保持试液和标准溶液加酸浓度的一致性。

对于浓度在 10^{-6} 级以上的金属测定，消解样品所用的试剂级别在分析纯以上即可。对于浓度在 10^{-9} 级的金属离子的测定，消解所用的实验用水、试剂、仪器及工作环境均有特殊要求，否则空白值高、波动大，而无法准确定量，须格外重视。样品在消解过程中不宜蒸至干涸，否则金属有损失，使监测结果偏低。

4. 从水样富集分离有机物的前处理方法

采用液-液萃取法富集分离半挥发性有机物时，对有机溶剂纯度要求非常高，如二氯甲烷为农残级，选择有机溶剂时须格外注意。为减轻乳化现象，萃取时适度振荡，加入适量的氯化钠。从水样中萃取出来的样品往往还需净化，才能进入色谱柱。样品净化有氧化铝净化、弗罗里硅土净化等许多方法，依据目标分析物选择适用的净化技术。

吹脱捕集法和静态顶空法是目前各国通用的测定挥发性有机物的方法。采用吹脱捕集法前处理水样，样品的处理往往是影响分析准确度的主要因素，所以，从采样、保存到定量加入样品管，都要严格操作，且保证不被污染。影响静态顶空进样的因素主要是样品性质、样品量、平衡温度、平衡时间及与样品瓶有关的因素，特别要保证密封垫不漏气。

实验 1.7 水中氨氮的测定（化学法）

一、实验目的

1. 掌握氨氮测定最常用的方法——纳氏试剂比色法。
2. 学习含氮化合物测定的有关内容。

二、实验原理

氨氮的测定方法，通常有纳氏试剂比色法、苯酚-次氯酸盐（或水杨酸-次氯酸盐）比色法和电极法等。纳氏试剂比色法具有操作简便、灵敏等特点，但钙、镁、铁等金属离子，硫化物，醛、酮类，以及水中色度和浑浊度等会干扰测定，需要相应的预处理。苯酚-次氯酸盐比色法具有灵敏、稳定等优点，干扰情况和消除方法同纳氏试剂比色法。电极法通常不需要对水样进行预处理并具有测量范围宽等优点。当水中氨氮含量较高时，可采用蒸馏-酸滴定法。

碘化汞和碘化钾的碱性溶液与氨反应生成淡红棕色胶态化合物，其色度与氨氮含量成正比，通常可在波长 410~425nm 范围内测其吸光度，计算氨氮含量。

$$2KI + HgI_2 \Longrightarrow K_2[HgI_4]$$

$$2K_2[HgI_4] + 3KOH + NH_3 \longrightarrow NH_2Hg_2OI + 7KI + 2H_2O$$

（淡红棕色沉淀）

本法最低检出浓度为 0.025mg/L（分光光度法），测定上限为 2mg/L。采用目视比色法，最低检出浓度为 0.02mg/L。水样做适当的预处理后，本法可适用于地面水、地下水、工业废水和生活污水中氨氮含量的测定。

三、实验仪器与试剂

1. 仪器

带氮球的定氮蒸馏装置（500mL 凯氏烧瓶、氮球、直形冷凝管）、分光光度计、pH 计等。

2. 试剂

（1）无氨水：每升蒸馏水中加 0.1mL 硫酸，在全玻璃蒸馏器中重蒸馏，弃去 50mL 初馏液，接取其余馏出液于具塞磨口的玻璃瓶中，密塞保存。

（2）1mol/L 盐酸溶液。

（3）10%硫酸锌溶液：取 10g 分析纯硫酸锌溶解后稀释至 100mL。

（4）1mol/L 氢氧化钠溶液：取 50g 氢氧化钠溶解后稀释至 100mL。

(5) 轻质氧化镁（MgO）：将氧化镁在 500℃下加热，以除去碳酸盐。

(6) 0.05%溴百里酚蓝指示液（pH 6.0～7.6）。

(7) 防沫剂：如石蜡碎片。

(8) 吸收液：①硼酸溶液（称取 20g 硼酸溶于水，稀释至 1L）；②0.01mol/L 硫酸溶液。

(9) 纳氏试剂：可选择下列方法之一进行制备。

① 称取 20g 碘化钾溶于约 25mL 水中，边搅拌边分次少量加入氯化汞（$HgCl_2$）结晶粉末（约 10g），至出现朱红色沉淀不易溶解时，改为滴加饱和氯化汞溶液，并充分搅拌，当出现微量朱红色沉淀不再溶解时，停止滴加氯化汞溶液。另称取 60g 氢氧化钾溶于水，并稀释至 250mL，冷却至室温后，将上述溶液徐徐注入氢氧化钾溶液中，用水稀释至 400mL，混匀。静置过夜，将上清液移入聚乙烯瓶中，密塞保存。

② 称取 16g 氢氧化钠，溶于 50mL 水中，充分冷却至室温。另称取 7g 碘化钾和碘化汞（HgI_2）溶于水，然后将此溶液在搅拌下徐徐注入氢氧化钠溶液中。用水稀释至 100mL，贮于聚乙烯瓶中，密塞保存。

(10) 酒石酸钾钠溶液：称取 50g 酒石酸钾钠（$KNaC_4H_4O_6·4H_2O$）溶于 100mL 水中，加热煮沸以除去氨，放冷，定容至 100mL。

(11) 铵标准贮备液：称取 3.819g 经 100℃干燥过的氯化铵（NH_4Cl）溶于水中，移入 1000mL 容量瓶中，稀释至标线。此溶液每毫升含 1.00mg 氨氮。

(12) 铵标准使用液：移取 5.00mL 铵标准贮备液于 500mL 容量瓶中，用水稀释至标线。此溶液每毫升含 0.010mg 氨氮。

四、实验操作步骤

1．水样的保存

水样采集在聚乙烯瓶或玻璃瓶内，并应尽快分析，必要时可加硫酸将水样酸化至 pH＜2，于 2～5℃下存放。酸化样品应注意防止吸收空气中的氨而遭致污染。

2．水样预处理

(1) 絮凝沉淀法：取 250mL 水样（如氨氮含量较高，可取适量并加水至 250mL，使氨氮含量不超过 2.5mg），移入 500mL 烧杯中，加入 200mL 无氨水，混合均匀。向烧杯中依次加入 2mL 10%硫酸锌溶液、0.5mL 1mol/L 氢氧化钠溶液，调 pH=10.5，混匀，静置 10min，出现白色沉淀，分别取 20mL、50mL 上层清液进行测定。

(2) 蒸馏：对污染较严重的水或者工业废水，用蒸馏法消除干扰。比如医院废水。

(3) 微孔滤膜过滤：100mL 水样经 0.45μm 滤膜反压抽滤。

3．标准曲线的绘制

吸取 0mL、0.50mL、1.00mL、3.00mL、5.00mL、7.00mL 和 10.0mL 铵标准使用液于 50mL 比色管中，加水稀释至标线，加 1.0mL 酒石酸钾钠溶液，混匀。加入 1.5mL 纳氏试剂，混匀，放置 10min 后，在波长 420nm 处，用光程 20mm 比色皿，以水为参比，测定吸光度。

由测得的吸光度，减去零浓度空白管的吸光度后，得到校正吸光度，绘制以氨氮含量（mg）对校正吸光度的标准曲线。

4. 水样的测定

分取适量（5mL、10mL、15mL）经絮凝沉淀预处理后的水样（使氨氮含量不超过 0.1mg），加入 50mL 比色管中，稀释至标线，加入 1.0mL 酒石酸钾钠溶液，混匀，加入 1.5mL 纳氏试剂，混匀，放置 10min 后，在波长 420nm 处，用光程 20mm 比色皿，以水为参比，测定吸光度。

5. 空白实验

以无氨水代替水样，分取（5mL、10mL、15mL），加入 50mL 比色管中，稀释至标线，加 1.0mL 酒石酸钾钠溶液，混匀，加入 1.5mL 纳氏试剂，混匀，放置 10min 后，在波长 420nm 处，用光程 20mm 比色皿，以水为参比，测定吸光度。

五、注意事项

1. 加入纳氏试剂前，无氨水加入量不得少于 40mL，否则会有浊度或沉淀产生。
2. 纳氏试剂中碘化汞与碘化钾的比例，对显色反应的灵敏度有较大影响。静置后生成的沉淀应除去。
3. 滤纸中常含痕量铵盐，使用时注意用无氨水洗涤，无氨水每次用后应注意密闭保存。所用玻璃器皿应避免实验室空气中氨的污染。
4. 采集水样时，应使用聚乙烯或玻璃器皿，尽量不要带入泥沙及悬浮物，并应尽快分析，必要时可加硫酸将水样酸化至 pH<2，于 2~5℃下存放。酸化样品应注意防止吸收空气中的氨而遭致污染。
5. 脂肪胺、芳香胺、醛类、丙酮、醇类和有机氯化铵类等有机物会测量结果产生影响。水样颜色也会影响比色。所以对于颜色较深或是上述有机物的含量较高的水样，必须用蒸馏法进行预处理。
6. 显色时间应控制在 10~30min，并尽快进行比色，达到分析的精密度和准确度。因为反应时间在 10~30min 内颜色较稳定；若反应时间在 10min 之前，溶液显色不完全；在 30~45min 颜色有加深趋势；45~90min 颜色逐渐褪去。
7. 如果水样中氨氮浓度大于 5mg/L，则在测量前需用无氨水酌情稀释。
8. 若样品中存在余氯，可加入适量的硫代硫酸钠溶液去除，用淀粉-碘化钾试纸检验余氯是否除尽；若水样浑浊或有颜色时，可用预蒸馏法或絮凝沉淀法处理，以减小实验误差。
9. 当水中含有大量可为碱所沉淀的金属离子或硫化物时，在测定前加入几滴 30% 醋酸锌或几滴 50% 氢氧化钠溶液，使其沉淀除去。

反应式为：$Zn^{2+} + S^{2-} =\!=\!= ZnS\downarrow$

$$Me^{n+} + nOH^- =\!=\!= Me(OH)_n\downarrow$$

六、数据记录与处理

1. 实验数据记录表

将标准曲线绘制过程中的各项数据和测定结果记录于表 1-14。

表 1-14　标准曲线绘制的数据记录表

铵标准使用液/mL	0.00	0.50	1.00	3.00	5.00	7.00	10.00
氨氮含量/mg							
酒石酸钾钠溶液/mL							
纳氏试剂/mL							
吸光度 A							
ΔA							

将水样和空白实验的测定数据记录于表 1-15。

表 1-15　水样测定记录

样品	水样1（5mL）	空白实验1（5mL）	水样2（10mL）	空白实验2（10mL）	水样3（50mL）	空白实验3（50mL）
吸光度 A						
ΔA						
氨氮含量/（mg/L）						
平均值						

两次平行测定之差不允许大于 0.2mg/L，取其算术平均值为测定结果。

2．氨氮含量的计算

由水样测得的吸光度减去空白实验的吸光度后，从标准曲线上查得氨氮含量。

$$氨氮(N, mg/L) = \frac{m}{V} \times 1000 \tag{1-6}$$

式中　m——由标准曲线查得的氨氮含量，mg；
　　　V——水样体积，mL。

七、思考题

1. 预处理絮凝沉淀时，pH 为何调至 10.5 左右？
2. 过滤时为什么要弃去初滤液 20mL？
3. 如何提高标准曲线的精确度？

八、实验讨论与小结

水样的预处理中如果不进行蒸馏操作，只是进行简单过滤，泥沙等浑浊物会影响吸光度，从而产生误差。

九、附录

水中氨氮来源及危害

1. 水体中氨氮来源

氨氮以游离氨（NH_3）或铵盐（NH_4^+）形式存在于水中，两者的组成比例取决于水的 pH 和温度。pH 高时，游离氨高，pH 低时，铵盐高；水温则相反。水中的氨氮来源于生活污水含氮有机物的分解产物，生活污水中平均含氮量每人每年可达 2.5～4.5kg，另外，某些工业废水，如焦化废水和合成氨化肥厂废水等，以及农田排水也是氨氮的重要来源。随着人民生活水平的不断提高，私家车也越来越多，大量的自用轿车和各种型号的货车等交通工具也向环境空气排放一定量的含氨汽车尾气。这些气体中的氨溶于水中，形成氨氮。在有氧环境中，水中氨亦可转变为亚硝酸盐，甚至继续转变为硝酸盐。氨氮含量高时，对鱼类有毒害作用，对人体也有为害。

2. 水体中氨氮危害

（1）对人体健康的影响

氨在自然环境中会进行氨的硝化过程，即有机物的生物分解转化环节。氨化作用将复杂有机物转换为氨氮，速度较快。硝化作用是在亚硝化菌、硝化菌作用下，在好氧条件下，将氨氮氧化成硝酸盐和亚硝酸盐；反硝化作用是在外界提供有机碳源情况下，由反硝化菌把硝酸盐和亚硝酸盐还原成氮气。氨氮在水体中硝化作用的产物硝酸盐和亚硝酸盐对饮用水有很大危害。硝酸盐和亚硝酸盐浓度高的饮用水，长期饮用对身体极为不利，可能对人体造成两种健康危害，即诱发高铁血红蛋白症和致癌。

（2）对生态环境的影响

氨氮对水生生物起危害作用的主要是游离氨。其毒性比铵盐大几十倍，并随碱性的增强而增大。氨氮毒性与池水的 pH 及水温有密切关系，一般情况，pH 与水温越高，毒性越强，对鱼的危害类似于亚硝酸盐。鱼类对水中氨氮比较敏感，有急性和慢性之分。慢性氨氮中毒危害为：摄食降低，生长减慢；组织损伤，降低氧在组织间的输送；鱼和虾均需要与水体进行离子（钠、钙等）交换，氨氮过高会增加鳃的通透性，损害鳃的离子交换功能；使水生生物长期处于应激状态，增加动物对疾病的易感性，降低生长速度；降低生殖能力，减少怀卵量，降低卵的存活率，延迟产卵繁殖。急性氨氮中毒危害为水生生物表现为亢奋、在水中丧失平衡、抽搐，严重者甚至死亡。

测定水中各种形态的氮化合物，有助于评价水体被污染和"自净"状况。

实验 1.8 水中氨氮的测定（仪器法）

一、实验目的

1. 了解测定氨氮的意义。
2. 学习 DWS-296 雷磁氨氮分析仪的使用方法。

二、实验原理

氨氮电极的头部有专用电极膜，该膜允许氨气通过，而水和离子禁止通过，水样中加入碱（NaOH）溶液后，水样中无机铵盐转变为氨气通过透过膜，引起电极内部的溶液发生 pH 的变化。电极内部的 pH 传感器能检测到该 pH 变化的程度，经过计算处理后即得到水样中的氨氮浓度。

三、实验仪器与试剂

1. 仪器

DWS-296 雷磁氨氮分析仪、50mL 烧杯、1000mL 容量瓶等。

2. 试剂

（1）清洗剂：将 0.5g 清洗剂，转入 1000mL 容量瓶中，加无氨水稀释至刻度。

（2）（浓）掩蔽剂：将 800g 掩蔽剂用无氨水溶解，转入 1000mL 容量瓶中，加无氨水稀释至刻度。

（3）（稀）掩蔽剂：将 10g 掩蔽剂用无氨水溶解，转入 1000mL 容量瓶中，加无氨水稀释至刻度。

（4）碱化剂：将 10g 氢氧化钠用无氨水溶解，转入 1000mL 容量瓶中，加无氨水稀释至刻度。转移到密封性良好聚乙烯瓶中，密封保存。

（5）氨氮标准母液：称取 3.819g 氯化铵转入 1000mL 容量瓶中，加无氨水稀释至刻度。

（6）100mg/L 氨氮标准溶液：吸取 100.00mL 氨氮标准母液，转入 1000mL 容量瓶中，加无氨水稀释至刻度。

（7）15.00mg/L 氨氮标准溶液：吸取 15.00mL 氨氮标准母液，转入 1000mL 容量瓶中，加无氨水稀释至刻度。

（8）1.50mg/L 氨氮标准溶液：吸取 1.50mL 氨氮标准母液，转入 1000mL 容量瓶中，加无氨水稀释至刻度。

四、实验操作步骤

（1）水样采集。

（2）仪器、氨电极、测量单元三者配套组合后，接入电源，开机预热 0.5h 以上。

（3）测量前：测量单元出厂设置温度为 40.0℃，仪器的手动温度值也应设置为 40.0℃。

（4）空白清洗：测量单元（泵）开关置"开"，恒流泵开始运转，（清洗剂/样品）吸管放入清洗剂，空白清洗 5min 以上（空白清洗时间视实际情况而定，应清洗到低于待测浓度）。

（5）标定一：将（清洗剂/样品）吸管清洗干净后放入第一种标定用混合溶液中［取 50.00mL 1.50mg/L 氨氮标准溶液加 4.00mL（浓）掩蔽剂混匀］，仪器按"标定"键，然后输入"1.50"，测量单元上（清洗/测量）开关置"测量"，按"确认"键，待仪器显示屏上的 mV 值趋于稳定，按"确认"键，即完成第一点标定。

（6）标定二：将（清洗剂/样品）吸管清洗干净后放入第二种标定用混合溶液中［取 50.00mL 15.00mg/L 氨氮标准溶液加 4.00mL（浓）掩蔽剂混匀］，仪器按"标定"键，然后输入"15.0"，按"确认"键，待仪器显示屏上的 mV 值趋于稳定，按"确认"键二次，即完成第二点标定。

（7）空白清洗：二点标定完成后，需将（清洗/样品）吸管用蒸馏水冲洗干净后放入清洗剂中，（清洗/测量）开关置"清洗"位置，进行空白清洗。当仪器显示屏上的度数变化到较低浓度时（一般要清洗到低于待测溶液浓度值），即完成空白清洗。

注：①必要时应重复标定几次，以消除电极惰性；

②在不扰动氨电极的情况下，标定有效期一般可达一周以上。

（8）样品测定：仪器二点标定及空白清洗后，将（清洗剂/样品）吸管用蒸馏水冲洗干净后放入样品混合液中［取 50.00mL 样品溶液加 4.00mL（浓）掩蔽剂混匀］，泵开关置"开"，（清洗/测量）开关置"测量"，待仪器显示屏上的度数趋于稳定，记录该度数，即完成样品浓度测量。

样品浓度测量完成后需马上进行空白清洗 5min 以上，以便随时进行下一样品测量。

五、注意事项

1．消除电极惰性需要重复标定。

2．电极测量温度为 5～45℃，测量范围为 0.05～100mg/L。

3．如预知下一样品浓度更高时，不必进行空白清洗；否则，每测完一样品浓度需进行空白清洗后再继续测下一样品。

4．如果暂时没有样品测量时，将泵开关置"关"，使测量单元处于恒温待机状态。

5．如果水样较清且没有明显颜色，可以直接对水样进行测量。

六、数据记录与处理

将样品测定结果记录于表 1-16。

表 1-16 实验数据记录表

采样	样品中氨氮浓度	平均值
样品 1		
样品 2		
样品 3		

七、思考题

1. 简述测定水中氨氮的意义。
2. 简述水中氨氮的危害。
3. 比较化学法和仪器法测定水中氨氮含量的优缺点。

八、实验讨论与小结

使用氨氮测定仪测定氨氮浓度时，如果仪器使用不当，则监测数据不是很稳定，重复性较差。

九、附录

雷磁 DWS-296 型氨氮测定仪

雷磁 DWS-296 型氨氮测定仪如图 1-10 所示。

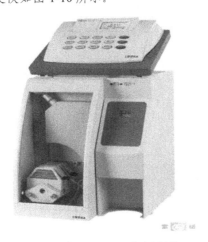

图 1-10 雷磁 DWS-296 型氨氮测定仪

1. 氨电极的主要参数

a. 被测液温度：5~45℃；b. 测量范围：0.05~1000mg/L；c. 电极的内阻：≤500MΩ(25℃)。

2. 电极的组装及使用

（1）电极的组装：用镊子将专用电极膜（此膜为多层叠合结构的复合膜，不得有拆分、交叉、换向等其他破坏行为）小心放入电极紧帽内，使膜平整贴靠电极紧帽底部。将 O 形垫圈塞到电极紧帽底部，使 O 形垫圈平整紧贴靠电极膜。将电导电极线向后轻拉着将内电极倾斜地插入电极外套中，使电极帽与电极外套旋合，然后缓慢释放电极导线，使电极头部的敏感玻璃面完全依靠电极内部的弹簧压力与电极膜接触。静置一天，以便活化内电极，即完成了电极组装。

将组装好完毕的电极小心倾斜地插入 DWS-296-1 型测量单元池中，插入到底。待电极体内温度达到恒定后即可正常使用。

注意：DWS-296-1 型测量单元的测量池中严防杂物进入，以免引起内部管路阻塞。

（2）电极与 DWS-296 型氨（氮）测定仪的连接

将电极插头插入 DWS-296 型氨氮分析仪的测量电极插座，电极插片夹入接地线座。

（3）电极在使用时应注意的问题

① 电极膜安装不紧密或破损有穿孔，会发生内溶液渗漏，影响测量。应重新安装电极膜和加入新的电极内溶液。

② 长期使用会使电极内溶液部分挥发，造成局部不均匀。测量前应轻拉电极导线，使电极内部弹簧压缩然后非常缓慢释放，以均匀电极内的溶液。

③ 如内溶液挥发严重应及时更换电极内溶液。

④ 使用时电极膜遇到堵塞（如附有沉淀物质），会影响测量。可用稀盐酸清除，但不得伤及电极膜。

⑤ 测量时被测的 pH 应大于 11，溶液中 NH_4^+ 才能充分转换为 NH_3 而被电极准确检测到。

⑥ 溶液的温度变化对电极的测试结果影响极大。为了保证测试的精确度，电极应和 DWS-269-1 型测量单元配套使用。

⑦ 长期不使用氨电极应全部拆开，用去离子水洗净，晾干放好。

⑧ PNH3-3 型氨电极的保质期为一年。使用或储存过久，其性能都会受到影响，应及时更换。

实验 1.9 水中余氯的测定

一、实验目的

1. 掌握余氯的测定方法。
2. 掌握 N,N-二乙基对苯二胺（DPD）分光光度法测余氯的原理。

二、实验原理

余氯是指水经过加氯消毒，接触一定时间后，水中所余留的有效氯。其作用是保证持续杀菌，以防止水受到再污染。

余氯有三种形式：①总余氯，包括 HOCl、OCl⁻ 和二氯氨（$NHCl_2$）等；②化合性余氯，包括一氯氨（NH_2Cl）、$NHCl_2$ 及其他氯胺类化合物；③游离性余氯，包括 HOCl 及 OCl⁻ 等。我国生活饮用水卫生标准中规定，集中式给水出厂水的游离性余氯含量不低于 0.3mg/L，管网末梢水不得低于 0.05mg/L。

余氯的测定常采用下述四种方法：第一种方法为 N,N-二乙基对苯二胺（DPD）分光光度法；第二种方法 3,3,5,5-四甲基联苯胺比色法；第三种方法为便携式 DPD 余氯测定仪；第四种方法为在线电化学分析余氯仪。其中第一种方法可测定游离性余氯和各种形态的化合性余氯，第二种方法可分别测定总余氯及游离性余氯。

N,N-二乙基对苯二胺（DPD）与水中游离性余氯能迅速反应而产生红色。在碘化物催化下，一氯胺（NH_2Cl）也能与 DPD 反应显色。在加入 DPD 试剂前加入碘化物，一部分三氯胺（NCl_3）与游离性余氯一起显色，通过变换试剂的加入顺序可测得三氯胺的浓度。余氯在酸性溶液内与碘化钾作用，释放出定量的碘，再以硫代硫酸钠标准溶液滴定。

本法测定值为总余氯，包括 HOCl、OCl⁻、NH_2Cl 和 $NHCl_2$ 等。可用高锰酸钾溶液配制永久性标准液。

因此，N,N-二乙基对苯二胺（DPD）分光光度法适用于经氯化消毒后的生活饮用水及其水源水中游离性余氯和各种形态的化合性余氯的测定。该法最低检测质量为 0.1g，若取 10mL 水样测定，则最低检测质量浓度为 0.01mg/L。高浓度的一氯胺对游离性余氯的测定有干扰，可用亚砷酸盐或硫代乙酰胺控制反应以除去干扰。氧化锰的干扰可通过做水样空白扣除。铬酸盐的干扰可用硫代乙酰胺（图 1-11）排除。

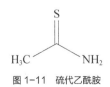

图 1-11 硫代乙酰胺

三、实验仪器与试剂

1．仪器

分光光度计、具塞比色管 10mL 等。

2．试剂

（1）碘化钾晶体。

（2）5g/L 碘化钾溶液：称取 0.50g 碘化钾（KI），溶于新煮沸放冷的纯水中，并稀释至 100mL，储存于棕色瓶中，在冰箱中保存，溶液变黄应弃去重配。

（3）磷酸盐缓冲溶液（pH=6.5）：称取 24g 无水磷酸氢二钠（Na_2HPO_4）、46g 无水磷酸二氢钾（KH_2PO_4）、0.8g 乙二胺四乙酸二钠（Na_2EDTA）和 0.02g 氯化汞（$HgCl_2$），依次溶解于纯水中并稀释至 1000mL（注：$HgCl_2$ 可防止霉菌生长，并可消除试剂中微量碘化物对游离性余氯测定造成的干扰。$HgCl_2$ 剧毒，使用时切勿入口或接触皮肤和手指）。

（4）1g/L N,N-二乙基对苯二胺（DPD）溶液：称取 1.0g 盐酸 N,N-二乙基对苯二胺，或 1.5g 硫酸 N,N-二乙基对苯二胺，溶解于含 8mL 硫酸溶液（1：3）和 0.2g Na_2EDTA 的无氯纯水中，并稀释至 1000mL 储存于棕色瓶中，在冷暗处保存（注：DPD 溶液不稳定，一次配制不宜过多，储存中如溶液颜色变深或褪色，应重新配制）。

（5）5.0g/L 亚砷酸钾溶液：称取 5.0g 亚砷酸钾（$KAsO_2$）溶于纯水中，并稀释至 1000mL。

（6）2.5g/L 硫代乙酰胺溶液：称取 0.25g 硫代乙酰胺（CH_3CSNH_2），溶于 100mL 纯水中（注：硫代乙酰胺是可疑致癌物切勿接触皮肤或吸入）。

（7）无需氯水：在无氯纯水中加入少量氯水或漂粉精溶液，使水中总余氯浓度约为 0.5mg/L。加热煮沸除氯。冷却后备用（注：使用前可用本实验方法检验其总余氯）。

（8）1000g/mL 氯标准贮备溶液：称取 0.8910g 优级纯高锰酸钾（$KMnO_4$），用纯水溶解并稀释至 1000mL（注：用含氯水配制标准溶液，步骤繁琐且不稳定。经试验，标准溶液中高锰酸钾量与 DPD 所标示的余氯生成的红色相似）。

（9）1g/mL 氯标准使用溶液：吸取 10.0mL 氯标准贮备溶液，加纯水稀释至 100mL。混匀后取 1.00mL 再稀释至 100mL。

四、实验操作步骤

（1）吸取 0mL、0.1mL、0.5mL、2.0mL、4.0mL 和 8.0mL 氯标准使用溶液置于 6 支 10mL 具塞比色管中，用无需氯水稀释至刻度。各加入 0.5mL 磷酸盐缓冲溶液、0.5mL DPD 溶液，混匀，于波长 515nm，1cm 比色皿，以纯水为参比，测量吸光度，绘制标准曲线。

（2）吸取 10mL 水样置于 10mL 比色管中，加入 0.5mL 磷酸盐缓冲溶液、0.5mL DPD 溶液，混匀，立即于波长 515nm，1cm 比色皿，以纯水为参比，测量吸光度，记录读数为 A，同时测量样品空白值，在读数中扣除空白值。

（3）继续向上述试管中加入一小粒碘化钾晶体（约 0.1g），混匀后，再测量吸光度，记录读数为 B。（注：如果样品中二氯胺含量过高，可加入 0.1mL 新配制的 1g/L 碘化钾溶液）。

（4）再向上述试管加入碘化钾晶体（约0.1g），混匀，2min后，测量吸光度，记录读数为 C。

（5）另取两支10mL比色管，取10mL水样于其中一支比色管中，然后加入一小粒碘化钾晶体（约0.1g），混匀，于第二支比色管中加入0.5mL缓冲溶液和0.5mL DPD溶液，然后将此混合液倒入第一管中，混匀。测量吸光度，记录读数为 N。

五、注意事项

1. $HgCl_2$ 剧毒，使用时切勿入口或接触皮肤和手指。
2. 硫代乙酰胺是可疑致癌物，切勿接触皮肤或吸入。
3. DPD溶液不稳定，一次配制不宜过多，储存中如溶液颜色变深或褪色，应重新配制。
4. 漂白粉含有有效氯低于15%时，不宜做饮水消毒用。
5. 测余氯时，如水样有颜色和浊度，应向水样中加脱色剂1～2滴，消除颜色和浊度。常用的脱色剂有：巯基琥珀酸溶液，0.1mol/L硫代硫酸钠溶液和10%亚硫酸钠溶液。
6. 生活饮用水的余氯标准：含氯消毒剂与水接触30min后，水中余氯含量不应低于0.3mg/L，集中式给水的出厂水应符合此标准，管网末梢水不应低于0.05mg/L。

六、数据记录与处理

1. 标准曲线的绘制

将标准曲线绘制步骤中的各项数据和测定结果记录于表1-17。

表1-17 标准曲线绘制的数据记录表

序号	1	2	3	4	5	6
氯标准使用溶液/mL	0	0.1	0.5	2.0	4.0	8.0
余氯量/（mg/L）	0	0.1	0.5	2.0	4.0	8.0
无需氯水						
磷酸盐缓冲溶液						
DPD溶液						
A						
ΔA						

2. 计算游离性余氯和各种氯胺

水样中游离性余氯和各种氯胺存在的情况见表1-18。

表1-18 游离性余氯和各种氯胺

样品	不含三氯胺的水样	含三氯胺的水样
读数	$N<A$	$N>A$
A	游离性余氯	游离性余氯
$B-A$	一氯胺	一氯胺
$C-B$	二氯胺	二氯胺+50%三氯胺

样品	不含三氯胺的水样	含三氯胺的水样
N	—	游离性余氯+50%三氯胺
$2(N-A)$	—	三氯胺
$C-N-(B-A)$	—	二氯胺

注：根据表 1-18 中读数从标准曲线查出水样中游离性余氯和各种化合性余氯的含量。

3. 余氯含量的计算

$$c(\text{Cl}) = \frac{m}{V} \tag{1-7}$$

式中　$c(\text{Cl})$——水样中余氯的质量浓度，mg/L；
　　　　m——从标准曲线上查得余氯的质量，μg；
　　　　V——水样体积，mL（V=10mL）。

七、思考题

1. 什么是余氯？
2. 余氯有几种存在形式？分别是什么？
3. 简述常用的余氯测定方法。
4. 测定自来水中余氯的量有什么意义？
5. 此实验需不需要做空白实验，为什么？
6. 碘量法测定水中余氯、DO 时，淀粉指示剂加入先后次序对测定有何影响？
7. 在制备氯标准贮备液时，为什么可以用优级纯高锰酸钾（$KMnO_4$）代替配制？

八、实验讨论与小结

本实验方法配置简便，稳定性能好，线性范围较宽，灵敏度高，干扰因素小，试剂成本低，测定结果稳定。

九、附录

氯离子含量的粗判方法

氯离子含量粗判的目的是用简便快速的方法估算出水样中氯离子的含量，以确定硫酸汞的加入量。

1. 溶剂配制

（1）硝酸银溶液[$c(\text{AgNO}_3)$=0.141mol/L]：称取 2.395g 硝酸银，溶解并定容到 100mL，贮于棕色滴瓶中。

(2) 铬酸钾溶液（ρ=50g/L）：称取 5g 铬酸钾，溶于少量蒸馏水中，滴加硝酸银溶液至有红色沉淀生成。摇匀，静置 12h，然后过滤并用蒸馏水将滤液稀释至 100mL。

(3) 氢氧化钠溶液（ρ=10g/L）：称取 1g 氢氧化钠溶于水中，稀释至 100mL，摇匀，贮于塑料瓶中。

2. 方法步骤

取 10.0mL 未加硫酸（ρ=1.84g/mL，优级纯）的水样于锥形瓶中，稀释至 20mL，用氢氧化钠溶液调至中性（pH 试纸判定即可），加入 1 滴铬酸钾指示剂，用滴管滴加硝酸银溶液，并不断摇匀，直至出现砖红色沉淀，记录滴数，换算成体积，粗略确定水样中氯离子的含量。

为方便快捷地估算氯离子含量，先估算所用滴管滴下每滴液体的体积，根据化学分析中每滴体积（如下按 0.04mL 给出示例）计算给出氯离子含量与滴数的粗略换算表（表 1-19）。

表 1-19 氯离子含量与滴数的粗略换算表

水样取样量/mL	氯离子测试质量浓度/（mg/L）			
	滴数：5	滴数：10	滴数：20	滴数：50
2	501	1001	2003	5006
5	200	400	801	2001
10	100	200	400	1001

3. 注意事项

(1) 水样取样量大或氯离子含量高时，比较易于判断滴定终点，粗判误差相对较小。

(2) 硝酸银溶液浓度比较高，滴定操作一般会过量，测定的氯离子浓度会大于理论浓度，由此会增加测定中硫酸汞的用量，但其对 COD_{Cr} 的测定无不利影响。

实验 1.10 化学需氧量（COD）的测定（重铬酸盐法）

一、实验目的

1. 了解测定 COD 的意义。
2. 了解有机污染物综合指标的含义及测定方法。
3. 掌握重铬酸钾法测定 COD 的原理和方法。

二、实验原理

化学需氧量为在一定条件下，经重铬酸钾氧化处理时，水样中的溶解性物质和悬浮物所消耗的重铬酸盐相对应的氧的质量浓度，以 mg/L 表示。COD 测定是分析水质质量的重要指标。

农药、化工厂、有机肥料等进入河塘水池，造成水中含有大量还原性物质，化学需氧量越高也就是 COD 值超标，表示污染越严重。如果不处理，许多有机污染物沉积下来，会破坏河塘的生态平衡。

重铬酸盐法测定化学需氧量的原理是：在水样中加入已知量的重铬酸钾溶液，并在强酸介质下以银盐作催化剂，经沸腾回流后，以试亚铁灵为指示剂，用硫酸亚铁铵滴定水样中未被还原的重铬酸钾，由消耗的重铬酸钾的量计算出消耗氧的质量浓度。

需要注意的是，在酸性重铬酸钾条件下，芳烃和吡啶难以被氧化，其氧化率较低。在硫酸银催化作用下，直链脂肪族化合物可有效地被氧化。无机还原性物质如亚硝酸盐、硫化物和二价铁盐等将使测定结果增大，其需氧量也是 COD_{Cr} 的一部分。

三、实验仪器与试剂

1. 仪器

带有 250mL 磨口锥形瓶的全玻璃回流装置（可选用水冷或风冷全玻璃回流装置，其他等效冷凝回流装置亦可）、加热装置（电炉）、天平（精度为 0.0001g）、酸式滴定管（25mL 或 50mL）、锥形瓶（磨口 250mL）、移液管、容量瓶、其他常用设备等。

2. 试剂

除非另有说明，实验时所用试剂均为符合国家标准的分析纯试剂，实验用水均为新制备的超纯水、蒸馏水或同等纯度的水。

（1）硫酸（H_2SO_4）（ρ=1.84g/mL）：优级纯。
（2）重铬酸钾（$K_2Cr_2O_7$）：基准试剂，取适量重铬酸钾在 105℃烘箱中干燥至恒重。
（3）硫酸银（Ag_2SO_4）。

(4) 硫酸汞（$HgSO_4$）。

(5) 硫酸亚铁铵[$(NH_4)_2Fe(SO_4)_2 \cdot 6H_2O$]。

(6) 邻苯二甲酸氢钾（$KHC_8H_4O_4$）：基准试剂。

(7) 七水合硫酸亚铁（$FeSO_4 \cdot 7H_2O$）。

(8) 硫酸溶液：1：9（V/V）。

(9) 重铬酸钾标准溶液（氧化剂）

① 重铬酸钾标准溶液（Ⅰ）[$c(\frac{1}{6}K_2Cr_2O_7)$=0.250mol/L]：准确称取12.258g重铬酸钾溶于水中，定容至1000mL。

② 重铬酸钾标准溶液（Ⅱ）[$c(\frac{1}{6}K_2Cr_2O_7)$=0.0250mol/L]：将重铬酸钾标准溶液（Ⅰ）稀释10倍，即得。

(10) 硫酸银-硫酸溶液（酸性条件+催化）：称取10g硫酸银，加到1L硫酸中，放置1~2d使之溶解，并混匀，使用前小心摇匀。

(11) 硫酸汞溶液（ρ=100g/L）：称取10g硫酸汞，溶于100ml硫酸溶液中，混匀（Cl^-掩蔽剂）。

(12) 硫酸亚铁铵标准溶液

① 硫酸亚铁铵标准溶液（Ⅰ）[$c[(NH_4)_2Fe(SO_4)_2 \cdot 6H_2O]$≈0.05mol/L]：称取19.5g硫酸亚铁铵溶解于水中，加入10mL硫酸，待溶液冷却后稀释至1000mL。每日临用前，必须用重铬酸钾标准溶液（Ⅰ）准确标定硫酸亚铁铵溶液（Ⅰ）的质量浓度；标定时应做平行双样测定。

取5.00mL重铬酸钾标准溶液（Ⅰ）置于锥形瓶中，用水稀释至约50mL，缓慢加入15mL硫酸，混匀，冷却后加入3滴（约0.15mL）试亚铁灵指示剂溶液，用硫酸亚铁铵溶液（Ⅰ）滴定，溶液的颜色由黄色经蓝绿色变为红褐色即为终点，记录下硫酸亚铁铵溶液的消耗量V（mL）。

反应方程式为：

$$K_2Cr_2O_7 + 7H_2SO_4 + 6Fe(NH_4)_2(SO_4)_2 = Cr_2(SO_4)_3 + 3Fe_2(SO_4)_3 + K_2SO_4 + 6(NH_4)_2SO_4 + 7H_2O$$

计算公式为：
$$c[(NH_4)_2Fe(SO_4)_2] = \frac{0.2500 \times 10.00}{V} \tag{1-8}$$

式中　c——硫酸亚铁铵标准溶液的浓度，mol/L；

V——硫酸亚铁铵标准溶液的用量，mL。

硫酸亚铁铵标准溶液浓度按下式计算：

$$c = \frac{5.00mL \times 0.250mol/L}{V} \tag{1-9}$$

式中　c——硫酸亚铁铵标准溶液浓度，mol/L；

V——滴定时消耗硫酸亚铁铵标准溶液的体积，mL。

② 硫酸亚铁铵标准溶液（Ⅱ）[$c[(NH_4)_2Fe(SO_4)_2 \cdot 6H_2O]$≈0.005mol/L]：将硫酸亚铁铵标准溶液（Ⅰ）稀释10倍，用重铬酸钾标准溶液（Ⅱ）标定，其滴定步骤及浓度计算与硫酸亚铁铵标准溶液（Ⅰ）类同。每日临用前标定。

(13) 邻苯二甲酸氢钾标准溶液[$c(KHC_8H_4O_4)$ =2.0824mmol/L]：称取 105℃ 干燥 2h 的邻苯二甲酸氢钾 0.425lg 溶于水，并稀释至 1000mL，混匀。以重铬酸钾为氧化剂，将邻苯二甲酸氢钾完全氧化的 COD_{Cr} 值（以氧计）为 1.176g/g（即 1g 邻苯二甲酸氢钾耗氧 1.176g），故该标准溶液的理论 COD_{Cr} 值为 500mg/L。

(14) 试亚铁灵指示剂溶液（显色剂）：溶解 0.7g 七水合硫酸亚铁于 50mL 水中，加入 1.5g 1,10-菲绕啉（1,10-phenanathroline monohy drate，商品名为邻菲罗啉、1,10-菲罗啉等），搅拌至溶解，稀释至 100mL。

(15) 防暴沸玻璃珠。

四、实验操作步骤

1. COD_{Cr} 质量浓度 ≤ 50mg/L 的样品

(1) 样品测定：取 10.0mL 水样于锥形瓶中，依次加入硫酸汞溶液、重铬酸钾标准溶液（Ⅱ）5.00mL 和几颗防暴沸玻璃珠，摇匀。硫酸汞溶液按质量比 $w(HgSO_4):m(Cl^-)$ ≥ 20∶1 的比例加入，最大加入量为 2mL。

将锥形瓶连接到回流装置冷凝管下端，从冷凝管上端缓慢加入 15mL 硫酸银-硫酸溶液，以防止低沸点有机物的逸出，不断旋动锥形瓶使之混合均匀。自溶液开始沸腾起保持微沸回流 2h。若为水冷装置，应在加入硫酸银-硫酸溶液之前通入冷凝水。

回流并冷却后，自冷凝管上端加入 45mL 水冲洗冷凝管，取下锥形瓶。

溶液冷却至室温后，加入 3 滴试亚铁灵指示剂溶液，用硫酸亚铁铵标准溶液（Ⅱ）滴定，溶液的颜色由黄色经蓝绿色变为红褐色即为终点。记下硫酸亚铁铵标准溶液的消耗体积 V_1。

注：样品浓度低时，取样体积可适当增加，同时其他试剂量也应按比例增加。

(2) 空白实验：按上述"样品测定"相同的步骤以 10.0mL 实验用水代替水样进行空白实验，记录空白滴定时消耗硫酸亚铁铵标准溶液的体积 V_0。

注：空白实验中硫酸银-硫酸溶液和硫酸汞溶液的用量应与样品中的用量保持一致。

2. COD_{Cr} 质量浓度 > 50mg/L 的样品

(1) 样品测定：取 10.0mL 水样于锥形瓶中，依次加入硫酸汞溶液、重铬酸钾标准溶液（Ⅰ）5.00mL 和几颗防暴沸玻璃珠，摇匀。其他操作与 COD_{Cr} 质量浓度 ≤ 50mg/L 样品的"样品测定"步骤相同。

待溶液冷却至室温后，加入 3 滴试亚铁灵指示剂溶液，用硫酸亚铁铵标准溶液（Ⅰ）滴定，溶液的颜色由黄色经蓝绿色变为红褐色即为终点。记录硫酸亚铁铵标准溶液的消耗体积 V_1。

注：对于污染严重的水样，可选取所需体积 1/10 的水样放入硬质玻璃管中，加入 1/10 的试剂，摇匀后加热至沸腾数分钟，观察溶液是否变成蓝绿色。如呈蓝绿色，应再适当少取水样，直至溶液不变蓝绿色为止，从而可以确定待测水样的稀释倍数。

(2) 空白实验：按上述"样品测定"相同的步骤以 10.0mL 实验用水代替水样进行空白实验，记录空白滴定时消耗硫酸亚铁铵标准溶液的体积 V_0。

五、注意事项

1. 水样取用体积可在 10.00～50.00mL 范围内，但试剂用量及浓度需按表 1-20 进行相应调整，也可得到满意的结果。

表 1-20 水样取用量和试剂用量表

水样体积/mL	0.2500mol/L K_2CrO_7 溶液/mL	$HgSO_4$-Ag_2SO_4 溶液/mL	$HgSO_4$/g	$[(NH_4)_2Fe(SO_4)_2]$/(mol/L)	滴定前总体积/mL
10.0	5.0	15	0.2	0.050	70
20.0	10.0	30	0.4	0.100	140
30.0	15.0	45	0.6	0.150	210
40.0	20.0	60	0.8	0.200	280
50.0	25.0	75	1.0	0.250	350

2. 本方法的主要干扰物为氯化物，可加入硫酸汞溶液去除。经回流后，氯离子可与硫酸汞结合成可溶性的氯汞配合物。硫酸汞溶液的用量可根据水样中氯离子的含量，按质量比 $m(HgSO_4):m(Cl^-) \geqslant 20:1$ 的比例加入，最大加入量为 2mL（按照氯离子最大允许质量浓度 1000mg/L 计）。水样中氯离子的含量可采用 GB 11896 或实验 1.9 中附录进行测定或粗略判定。

3. 消解时间是 2h，应自开始沸腾时开始计时，在分析过程中要严格控制消解时间。

4. 空白水质一般用新制的蒸馏水，如果用到高纯水和除盐水，测定结果会比蒸馏水结果偏大。

5. 测定使用了重铬酸钾、硫酸汞和浓硫酸等药品，或有剧毒或有强烈的腐蚀性，而且需要加热回流，因此操作必须在通风橱中进行，并且要十分精心。

六、数据记录与处理

1. 实验数据记录

将样品测定实验数据记录于表 1-21。

表 1-21 实验数据记录表

项目	取样量/mL	滴定前/mL	滴定后/mL	滴定数/mL	COD_{Cr}/mg/L
水样1					
水样2					
水样3					
空白样					
平均值					

2. COD_{Cr} 计算公式

$$COD_{Cr} = \frac{(V_0 - V_1) \times c \times 8 \times 1000}{V} \tag{1-10}$$

式中 c——硫酸亚铁铵标准溶液的浓度，mol/L；

V_0——滴定空白样时硫酸亚铁铵标准溶液用量，mL；

V_1——滴定水样时硫酸亚铁铵标准溶液的用量,mL;
V——水样的体积,mL;
8——氧(1/2O)摩尔质量,g/mol。

七、思考题

1. 为什么要做空白实验?
2. 为什么要测定化学需要量?
3. 实验过程中的干扰物质主要有哪些?应采取什么方法消除?
4. 工程实践中,水样化学需氧量的测试方法还有哪些?
5. 重铬酸钾法测定化学需氧量的过程中,硫酸汞和硫酸-硫酸银各起什么作用?

八、实验讨论与小结

水样采集后应尽快分析,水样摇匀,否则水样不稳定,会影响分析效果。取水样一般不能太少,也不能太多,容易产生误差。

九、附录

COD_{Mn} 和 COD_{Cr} 的区别

两方法测定含量不同,而且测定对象也不同,COD_{Cr} 主要针对废水,COD_{Mn} 主要针对河流水和地表水。具体原因如下:

(1)一般说来,酸性重铬酸钾法的氧化率在80%左右,而酸性高锰酸钾法的氧化率在50%以下。这主要是因为两者反应条件不一样,前者是146℃下加热2h,后者是100℃沸水浴加热30min,所以前者反应更充分,后者测得的 COD_{Mn} 比前者测得的 COD_{Cr} 低得多。

(2)重铬酸钾较高锰酸钾更不稳定,也就更具有强的反应能力,即氧化能力,它可以氧化大部分有机物。所以它们的氧化能力大小与氧化还原电位大小刚好是相反的。举个例子:HI(碘化氢)因为较 HCl(盐酸,常用强酸)分子更不稳定,所以其反应能力更强,即其酸性比盐酸还要强。

(3)COD_{Mn} 反映的是受有机污染物和还原性无机物质污染程度的综合指标,由于在规定的条件下,水中的有机物只能部分被氧化,并不是理论上的需氧量,一般用于污染比较轻微的水体或者清洁地表水,其值超过10mg/L时要稀释后再测定。

COD_{Cr} 反映的是受还原性物质污染的程度,由于只能反映能被氧化的有机物污染,主要应用于工业废水的测定,其值低于10mg/L时,测量准确度较差。

实验 1.11　化学需氧量（COD）的测定（仪器法）

一、实验目的

1. 掌握化学需氧量测定的意义。
2. 学习 HACH DRB200 消解设备的使用。
3. 学习 HACH DR2800 型可见分光光度计的操作方法。

二、实验原理

HACH DRB200 是一种智能消解仪，通过加热模块和预设加热程序，对在不同温度、不同时长条件下的水样同时消解，一般消解时间为 0~480min，消解温度为 37~165℃。针对不同的预制试剂来加热消解需进行 COD、总磷、总氮等测定的水样。

HACH DR2800 型便携式高精度分光光度计是可见光谱分光光度计，其中的分光光度计软件可以随时更新，波长范围为 340~900nm，光学性能非常稳定，可用于实验室和现场分析，测试方法更加简便、快捷。

水样与 HACH 专用 COD 试剂在加热条件下发生消解反应，然后用 HACH DR2800 仪器进行测量。

三、实验仪器与试剂

1. 仪器

HACH DRB200 消解设备、HACH DR2800 型可见分光光度计。

2. 试剂

HACH 专用 COD 试剂、预测水样。

四、实验操作步骤

1. 消解

（1）打开消解器：选择"COD"→"COD 150℃ 120min"→"OK"确认后仪器开始加热。

（2）配制试剂：分别取 2mL 空白样（去离子水，最好为纯净水，空白样放在暗处保存，可重复使用 4d）和待测水样加入 TNT822 HACH 试剂中，拿住试剂瓶的顶部（因为此时的小瓶会变得很热），旋转摇匀。

（3）听到消解器发出鸣响后，说明此时温度已经加热到 150℃，此时将配制好的试剂瓶放到消解器左侧的加热单元中，左键确认后开始计时。

（4）2h 后，消解器会发出 3 声鸣响，此时说明消解已完成。

（5）等待约 20min 后，反应器温度降到 120℃时也会发出鸣响，此时从消解器中拿出试剂瓶，轻轻晃动几下（使瓶底的沉淀溶解），放到试管架上冷却至室温（若此时瓶底还有沉淀，则不可再摇），关闭消解器。

（6）清洁试剂瓶的外表面，放入 HACH DR2800 型可见分光光度计中测试。

2．COD 的测定

（1）接通电源，按住仪器后的开关 1s，打开仪器。

（2）无需选择语言，此时仪器会进行自检，完成后进入主菜单。

（3）在存储程序中选择"COD HR（1500mg/L）"，"开始"键进入。

（4）先将空白样放入仪器中，盖上遮光罩，清零。

（5）再将待测样放入仪器中，盖上遮光罩，按"读数"键直接测得 COD 浓度（mg/L）。

五、数据记录与处理

将仪器法测定化学需氧量的实验数据记录于表 1-22。

表 1-22 实验数据记录表

水样	COD（1）	COD（2）	COD（3）	平均值
水样 1				
水样 2				
水样 3				

根据表 1-22 中记录直接测量得到的 COD 值，取平均值，得到所测水样 COD 值。

六、注意事项

1. 在测量过程中，注意用擦拭纸擦干试剂瓶。
2. 使用仪器时要轻拿轻放，避免仪器的损坏。
3. 轻摇试剂瓶，使其混匀，此时试剂瓶外壁会发热。
4. 实验过程中多测几组数据，取平均值，减小误差。

七、思考题

1. 为什么要测定化学需氧量？
2. HACH DRB200 消解设备的影响因素有哪些？
3. 分析重铬酸钾法和仪器法检测 COD 的优缺点。

八、实验结论与小结

空白水质一般用蒸馏水，有时会用到高纯水和除盐水，但测定结果都比蒸馏水结果偏大，同时空白水质的测定结果和水放置的时间也有一定的关系。所以最好选用新制的蒸馏水。分析过程中要注意水样的保存和分析取样，水样采集后应尽快分析，在采集时加入硫酸使 pH 小于 2，以利于保存，样品在 4℃时比较稳定。分析取样时一定要将水样摇匀。如果检测需要稀释的水样，取样量不应小于 5mL，对于 COD_{Cr} 高的水样应逐级稀释，以减少因稀释引起的误差。

九、附录

HACH DRB200 消解设备清洁维护步骤

图 1-12 为 HACH DRB200 消解设备的实物图。其清洁维护步骤如下。
1. 断开仪器开关，拔下电源线插头并让仪器冷却下来。
2. 用一块柔软的湿布擦拭仪器，确保不要让水穿入仪器内。

如果一个管式瓶溢流或破碎，或者少量的液体漏出，按下述步骤进行清洁：
（1）断开仪器开关，拔下电源线插头并让仪器冷却下来。
（2）用一根移液管吸取液体，避免与皮肤的任何接触。
（3）把残液送到适当的地方进行处置。
（4）用镊子取走破碎玻璃并擦拭掉所有残余液体，避免与皮肤的任何接触（强酸强碱会造成烧伤）。

HACH DR2800 型可见分光光度计清洁维护步骤

图 1-13 为 HACH DR2800 型可见分光光度计的实物图。其清洁维护步骤如下。
1. 清洁分光光度计时，用柔软的湿布清洁外壳、试管室和所有附件。清洁时也可使用柔和的肥皂溶液。试管室内不要有过多水滴。不要将刷子或尖锐物品插入试管室，以避免损坏机器元件。
2. 用柔软的棉布仔细擦干清洁后的零部件。
3. 用柔软、无棉绒和无油脂的棉布清洁显示屏。任何情况下都不应用溶剂（如石油馏出物、丙酮等）清洁仪器、显示屏或附件。小心不要划到显示屏。不要用圆珠笔、钢笔笔尖或类似尖锐的物体接触屏幕。
4. 玻璃试管清洁时，用清洁剂和水清洁玻璃试管。随后用自来水冲洗试管数次，然后用去离子水彻底冲洗。避免用刷子或其它清洁设备划伤光学仪器表面。
5. 塑料试管清洁时，用试剂和水冲洗，或用弱酸冲洗（浸泡时间不要过长）。然后用去离子水彻底冲洗。避免用刷子或其他清洁设备划伤光学仪器表面。

图 1-12 HACH DRB200 消解设备

图 1-13 HACH DR2800 型可见分光光度计

实验 1.12　水中溶解氧（DO）的测定

一、实验目的

1. 熟悉并掌握碘量法测定溶解氧的基本原理。
2. 熟悉并掌握标准溶液的配制和标定方法。
3. 练习实际测量以及滴定的操作，并了解碘量法滴定的注意事项。

二、实验原理

溶解氧是指溶解于水或液相中的分子态氧，以 DO 表示，是考量水体的首要指标值，也是完成水体净化处理的首要要素。溶解氧大小能反映出水体受到污染物，特别是有机污染的程度，也是衡量水体自净能力的一个指标。水中溶解氧被消耗，要恢复到初始状态，所需时间比较短，说明水体的自净能力强，或者说水体污染不严重，否则说明水体污染严重，自净能力弱，甚至失去自净能力。

水中溶解氧的含量与空气中氧的分压、水的温度都有密切关系。在自然情况下，空气中的含氧量变动不大，故水温是主要的因素，水温越低，水中溶解氧的含量越高。在 20℃，100kPa 下，纯水里溶解氧大约为 9mg/L。

水中溶解氧的测定一般用碘量法。使用碘量法测定水中溶解氧是基于溶解氧的氧化性能的。当水样中加入硫酸锰（$MnSO_4$）和碱性碘化钾（KI）溶液时，立即生成 $Mn(OH)_2$ 沉淀。但 $Mn(OH)_2$ 极不稳定，迅速与水中溶解氧发生反应生成锰酸锰沉淀。在加入硫酸酸化后，已固定的溶解氧（以锰酸锰的形式存在）将 KI 氧化并释放出游离碘。然后用硫代硫酸钠标准溶液滴定，换算出溶解氧的含量。

该实验原理的反应方程式：

$2MnSO_4 + 4NaOH \longrightarrow 2Mn(OH)_2\downarrow + 2Na_2SO_4$

$2Mn(OH)_2 + O_2 \longrightarrow 2H_2MnO_3\downarrow$

$H_2MnO_3 + Mn(OH)_2 \longrightarrow MnMnO_3\downarrow(棕色沉淀) + 2H_2O$

加入浓硫酸后的反应方程式：

$2KI + H_2SO_4 \longrightarrow 2HI + K_2SO_4$

$MnMnO_3 + 2H_2SO_4 + 2HI \longrightarrow 2MnSO_4 + I_2\downarrow + 3H_2O$

$I_2 + 2Na_2S_2O_3 \longrightarrow 2NaI + Na_2S_4O_6$

此法适用于含少量还原性物质及硝酸氮含量<0.1mg/L、铁含量不大于 1mg/L 的较为清洁的水样。

三、实验仪器与试剂

1. 仪器

250mL 溶解氧瓶、50mL 碱式滴定管、250mL 锥形瓶、移液管（1mL、2mL、100mL）、容量瓶（100mL、250mL、1000mL）、洗耳球、标签纸、封口膜等。

2. 试剂

（1）硫酸锰溶液：称取 36g $MnSO_4 \cdot 4H_2O$，溶于蒸馏水中，转至 100mL 容量瓶，定容至标线，摇匀（此溶液加至酸化过的碘化钾溶液中，遇淀粉不得产生蓝色）。

（2）碱性 KI 溶液：称取 125g NaOH 溶于 100～150mL 去离子水中，另称取 37.5g KI 溶于 50mL 蒸馏水中。待 NaOH 溶液冷却后将两种溶液合并，混合均匀，转移至 250mL 容量瓶中，用水定容至标线，摇匀。若有沉淀，则放置过夜后，倾出上层清液，储于塑料瓶中，用黑纸包裹避光保存。此溶液酸化后，遇淀粉不得产生蓝色。

（3）1%淀粉溶液：称取 1g 可溶性淀粉，用少量水调成糊状，再用刚煮沸的水冲稀至 100mL。冷却后，加入 0.1g 水杨酸或 0.4g 氯化锌防腐。

（4）0.02500mol/L（$\frac{1}{6}K_2Cr_2O_7$）重铬酸钾标准溶液：称取于 0.1226g 在 105～110℃烘干 2 小时并冷却的 $K_2Cr_2O_7$，溶于水，移入 100mL 容量瓶中，用水稀释至标线，摇匀。

（5）0.025mol/L 硫代硫酸钠溶液：称取 6.2g 硫代硫酸钠（$Na_2S_2O_3 \cdot 5H_2O$），溶于煮沸放冷的水中，加入 0.2g 碳酸钠，转移至 1000mL 容量瓶中，用去离子水稀释至标线，摇匀。储于棕色瓶中，使用前用 0.02500mol/L 重铬酸钾标准溶液标定。

（6）浓硫酸。

（7）稀硫酸（1∶5）。

四、实验操作步骤

1. 水样采集和溶解氧的固定

（1）采样地点：校园湖泊。

（2）用溶解氧瓶取水面下 20～50cm 的积水潭河水，采集水样时，要注意注入水样至溢流出瓶容积的 1/3～1/2 左右。注意不要使水样曝气或有气泡残存在溶解氧瓶中。

（3）在河岸边取下瓶盖，用移液管吸取硫酸锰溶液 1mL 插入瓶内液面下，缓慢放出溶液于溶解氧瓶中。取另一支移液管，按上述操作往水样中加入 2mL 碱性碘化钾溶液，盖紧瓶塞，不留气泡，将瓶颠倒振摇使之充分摇匀。此时，水样中的氧被固定生成锰酸锰（$MnMnO_3$）棕色沉淀。

（4）取两个平行样品，将溶解氧已固定的水样带回实验室备用。

2. $Na_2S_2O_3$ 溶液的标定

于 250mL 碘量瓶中，加入 100mL 水和 1g KI，加入 10.00mL 0.02500mol/L 重铬酸钾（$\frac{1}{6}K_2Cr_2O_7$）标准溶液、5mL 硫酸溶液（1∶5），密塞，摇匀。放于暗处静置 5min 后，用待标定

的硫代硫酸钠溶液滴定至溶液呈淡黄色后，加入 1mL 淀粉溶液，继续滴定至蓝色刚好褪去为止，记录硫代硫酸钠溶液的用量。

$$c = \frac{10.00 \times 0.02500}{V} \tag{1-11}$$

式中　c——硫代硫酸钠溶液的浓度，mol/L。

　　　V——滴定时消耗硫代硫酸钠溶液的体积，mL。

3．样品测定

（1）溶解氧的固定：吸取 250mL 水样，加入 1mL $MnSO_4$ 和 2mL 碱性碘化钾溶液（静置在棕色瓶中），盖好瓶塞，颠倒混合数次，静置。一般在取样现场固定。如水样中含 Fe^{3+} 在 100mg/L 以上则干扰测定，须在水样采集后，先用吸量管插入液面下加入 1mL 40%氟化钾溶液。

（2）析出碘：轻轻打开瓶塞，立即用吸管插入液面之下，加入 2.0mL 浓硫酸，小心盖好瓶塞，颠倒混合摇晃至沉淀物全部溶解。然后放置暗处静置 5min，使产生的 I_2 全部析出。

（3）滴定：用移液管取 100mL 上述溶液，注入 250mL 锥形瓶中，用已标定的 $Na_2S_2O_3$ 溶液滴定到溶液呈微黄色，加入 1mL 淀粉溶液，继续滴定至蓝色恰好褪去为止，记录用量。

五、注意事项

1．应将移液管尖端插入液面之下，慢慢加入，以免将空气中氧带入水样引起误差。

2．如果水样中含有氧化性物质（如游离氯大于 0.1mg/L 时），应预先于水样中加入硫代硫酸钠去除。即用两个溶解氧瓶各取一瓶水样，在其中一瓶加入 5mL 硫酸溶液（1∶5）和 1g 碘化钾，摇匀，此时游离出碘。以淀粉作指示剂，用硫代硫酸钠溶液滴定至蓝色刚褪，记下用量（相当于去除游离氯的量）。在另一瓶水样中，加入同样量的硫代硫酸钠溶液，摇匀后，按样品测定步骤进行测量。

3．水样中如含有较多亚硝酸盐氮和亚铁离子，它们的还原作用会干扰测定，可采用叠氮化钠修正法或高锰酸钾修正法进行测定。

4．在固定溶解氧时，若没有出现棕色沉淀，说明溶解氧含量低。

5．在溶解棕色沉淀时，酸度要足够，否则碘的析出不够彻底，影响测定结果。

六、数据记录与处理

1．实验数据记录

将碘量法测水样中溶解氧的相关实验数据记录于表 1-23。

表 1-23　实验数据记录表

样品	取样量/mL	滴定前/mL	滴定后/mL	滴定数/mL	DO/（mg/L）
水样 1					
水样 2					
水样 3					
平均值					

2. 溶解氧（DO）计算公式

$$\mathrm{DO}(O_2, mg/L) = \frac{c_{Na_2S_2O_3} V_{Na_2S_2O_3} \times 8 \times 1000}{100} \tag{1-12}$$

式中 $c_{Na_2S_2O_3}$ ——硫代硫酸钠溶液的浓度，mol/L；

$V_{Na_2S_2O_3}$ ——滴定时消耗硫代硫酸钠溶液的体积，mL；

8——氧（$1/4O_2$）的摩尔质量，g/mol；

100——滴定时取水样溶液的体积。

七、思考题

1. 简述水中溶解氧测定的意义。
2. 取样时溶解氧瓶内为什么不能含有气泡？
3. 加硫酸时为什么要插入液面以下？
4. 当碘析出时，为什么把溶解氧瓶放置暗处 5min？
5. 如果水样呈强酸或强碱时，能否直接测定？
6. 测定水中溶解氧时采集水样的关键是什么？

八、实验讨论与小结

实验中一定严格按照实验步骤进行操作，实验过程注意规范，采集水样后立即分析，操作不规范会增加氧的吸入，产生较大误差。

九、附录

海水中溶解氧简介

海水中的溶解氧和海中动植物生长有密切关系，它的分布特征又是海水运动的一个重要的间接标志。因此，溶解氧的含量及其分布变化与温度、盐度和密度一样，是海洋水文特征之一。

海水中溶解氧的一个主要来源是当海水中氧未达到饱和时从大气溶入的氧；另一来源是海水中植物通过光合作用所放出的氧。这两种来源仅限于在距海面 100～200m 厚的真光层中进行。在一般情况下，表层海水中的含氧量趋向于与大气中的氧达到平衡，而氧在海水中的溶解度又取决于温度、盐度和压力。当海水的温度升高，盐度增加和压力减小时，溶解度减小，含氧量也就减小。

海水中溶解氧的含量变动较大，一般在 0～10mL/L 范围内。其垂直分布并不均匀，在海洋的表层和近表层含氧量最丰富，通常接近或达到饱和；在光合作用强烈的海区，近表层会出现高达 125%的过饱和状态。但在一般外海中，最小含氧量一般出现在海洋的中层，这是因为：一方面，生物的呼吸及海水中无机和有机物的分解氧化而消耗了部分氧，另一方面海流补充的氧也不多，从而导致中层含氧量最小。深层温度低，氧化强度减弱以及海水的补充，含氧量有所增加。

除了波浪能将气泡带入海洋表层和近表层，并进行气体直接交换，海水中溶解氧还会参与生物过程，如生物的呼吸作用，因此，溶解氧被认为是水体的非保守组分，并且成为迄今最常测定的组分（除温度和盐度外）。研究海洋中含氧量在时间和空间上的分布，不仅可以用来研究大洋各个深度上生存的条件，而且还可以用来了解海洋环流情况。在许多情况下，含氧量是从表面下沉的海水的"年龄"的鲜明标志，由此还可能确定出各个深度上海水与表层水之间的关系。

实验 1.13　五日生化需氧量（BOD₅）的测定

一、实验目的

1. 了解五日生化需氧量（BOD₅）的含义。
2. 掌握用稀释接种法测定生化需氧量的基本原理和操作。
3. 熟练掌握碘量法测定 DO 的操作技术。
4. 明确化学需氧量和生化需氧量的相关性。

二、实验原理

生化需氧量是指在有溶解氧的条件下，好氧微生物分解水中有机物的生物化学过程中所消耗的溶解氧量，用以间接表示水中可被微生物降解的有机物的含量，是反应有机污染物的重要类别指标之一。此生物氧化全过程进行的时间很长，如在 20℃培养时，完成此过程需 100 多天。目前国内外普遍规定于 20℃±1℃培养 5 天，分别测定样品培养前后的溶解氧，二者之差即为五日生化需氧量（BOD₅）值，以氧的质量浓度（单位为 mg/L）表示。生化需氧量用以间接表示水中可被微生物降解的有机物质的含量，是反映有机物污染的重要指标之一。

对某些地面水及大多数工业废水，因含较多的有机物，需要稀释后再培养测定，以降低其浓度和保证有充足的溶解氧。稀释的程度应使培养中所消耗的溶解氧大于 2mg/L，而剩余溶解氧在 1mg/L 以上。在此前提下，稀释倍数可以估算，也可以根据经验值法来确定。对于不含或者少含微生物的废水，在测定 BOD₅ 时应进行接种，以接入可以分解水中有机物的微生物。

为了保证水样稀释后有足够的溶解氧，稀释水通常要通入空气进行曝气（或通入氧气），以便稀释水中溶解氧接近饱和。稀释水中还应加入一定量的无机营养盐和缓冲物质（磷酸盐、钙、镁和铁盐等），以保证微生物生长的需要。

三、实验仪器与试剂

1. 仪器

恒温培养箱（20℃±1℃）、5～20L 细口玻璃瓶、1000～2000mL 量筒、玻璃搅棒（棒的长度应比所用量筒高度长 200mm。在棒的底端固定一个直径比量筒底小并带有几个小孔的硬橡胶板）、溶解氧瓶（250～300mL 之间，带有磨口玻璃塞并具有供水封用的钟形口）、虹吸管（供分取水样和添加稀释水用）、酸式滴定管。

2．试剂

（1）硫酸锰溶液。

（2）碱性 KI 溶液。

（3）1%淀粉溶液。

（4）0.02500mol/L（$1/6K_2Cr_2O_7$）重铬酸钾标准溶液。

（5）0.025mol/L 硫代硫酸钠溶液。

（6）硫酸溶液（1∶5）。

以上 6 种溶液按照实验 1.12 试剂配制方法来配制。

（7）稀释水：在 5～20L 玻璃瓶内装入一定量的水，控制水温在 20℃左右。然后用无油空气压缩机或薄膜泵，将吸入的空气先后经活性炭吸附管及水洗涤管后，导入稀释水内曝气 2～8h，使稀释水中的溶解氧接近于饱和。停止曝气亦可导入适量纯氧。瓶口盖以两层经洗涤晾干的纱布，置于 20℃培养箱中放置数小时，使水中溶解氧含量达 8mg/L 左右。临用前每升水中加入氯化钙溶液、氯化铁溶液、硫酸镁溶液、磷酸缓冲溶液各 1mL，并混合均匀，20℃保存（保证微生物的生成需要）。

在曝气的过程中防止污染，特别是防止带入有机物、金属、氧化物或还原物。稀释水中氧的质量浓度不能过饱和，使用前需开口放置 1h，且应在 24h 内使用。剩余的稀释水应弃去。

（8）接种液：可选择以下任一方法，以获得适用的接种液（引进微生物）。

① 城市污水，一般采用生活污水，在室温下放置一昼夜，取上清液供用。化学需氧量不大于 300mg/L，总有机碳不大于 100mg/L。

② 表层土壤浸出液，取 100g 花园或植物生长土壤，加入 1L 水，混合并静止 10min。取上清液供用。

③ 用含城市污水的河水或湖水。

④ 污水处理厂的出水。

⑤ 含有难降解物质的工业废水，在工业废水排污口下游适当处，取水样作为废水的驯化接种液。也可取中和或经适当稀释后的废水进行连续曝气，每天加入少量该种废水，同时加入少量生活污水，使适应该种废水的微生物大量繁殖。当水中出现大量的絮状物时，表明微生物已繁殖，可用作接种液。一般驯化过程需 3～8d。

（9）接种稀释水：根据接种液的来源不同，每升稀释水中加入适量接种液，城市生活污水和污水处理厂出水加 1～10mL，河水或湖水加 10～100mL，将接种稀释水存放在 20℃±1℃的环境中，当天配制当天使用。

接种的稀释水 pH 为 7.2，BOD_5 应小于 1.5mg/L。

四、实验操作步骤

1．水样的预处理

（1）水样的 pH 若超出 6.5～7.5 范围时，可用盐酸或氢氧化钠稀溶液调节至 pH 近于 7，但用量不要超过水样体积的 0.5%。若水样的酸度或碱度很高，可改用高浓度的碱或酸液进行中和。

（2）水样中含有铜、铅、锌、隔、铬、砷、氰等有毒物质时，可使用经驯化的微生物接种液的稀释水进行稀释，或提高稀释倍数，降低毒物的浓度。

（3）含有少量游离氯的试样，一般放置 1~2h，游离氯可消失。

2．稀释水样的制取

稀释与接种法分为两种情况：稀释法和稀释接种法。

若试样中的有机物含量较多，BOD_5 的质量浓度大于 6mg/L，且样品中有足够的微生物，采用稀释法测定；若试样中的有机物含量较多，BOD_5 的质量浓度大于 6mg/L，但试样中无足够的微生物，采用稀释接种法测定。

（1）将采取的水样用虹吸法取水样 80mL（稀释 10 倍）、100mL（稀释 8 倍）、160mL（稀释 5 倍）转移到 800mL 量筒中（一般需要同时做 3~4 种稀释倍数），并用接种稀释水稀释至 800mL，用特殊玻璃棒混匀，沿瓶壁慢慢倾入两个溶解氧瓶内，要求水样从瓶口溢出。其中一个进行当天溶解氧的测定，另外一瓶培养在 20℃±1℃培养箱中 5 天，需要每天加封口水，要把相同稀释浓度的水样做好标记。BOD_5 测定的稀释倍数见表 1-24。

表 1-24　BOD_5 测定的稀释倍数

BOD_5 的期望值/（mg/L）	稀释倍数	水样类型
6~12	2	河水，生物净化的城市污水
10~30	5	河水，生物净化的城市污水
20~60	10	生物净化的城市污水
40~120	20	澄清的城市污水或轻度污染的工业废水
100~300	50	轻度污染的工业废水或原城市污水
200~600	100	轻度污染的工业废水或原城市污水
400~1200	200	重度污染的工业废水或原城市污水
1000~3000	500	重度污染的工业废水
2000~6000	1000	重度污染的工业废水

（2）将稀释接种水作为空白样，直接用 800mL 量筒量取 800mL，沿瓶壁慢慢倾入两个溶解氧瓶内，要求水样从瓶口溢出。

（3）检查瓶子的编号，每一种稀释倍数中取一瓶及一瓶空白液测当天溶解氧，其余各瓶水封后送入 20℃±1℃培养箱中 5 天，需要每天加封口水。

3．水样溶解氧的测定

水样溶解氧的测定按照实验 1.12 进行操作。

五、注意事项

1．玻璃器皿应彻底洗净。先用洗涤剂浸泡清洗，然后用稀盐酸浸泡，最后依次用自来水、蒸馏水洗净。

2．在配制稀释水时应用含 20℃时的饱和氧浓度的蒸馏水进行配制，同时也需注意营养盐及菌种。

3．配制培养液时，在混匀搅拌的同时赶走空气泡，并用虹吸管进行装瓶。

4．控制好培养温度和时间。

5. 在两个或者三个稀释比的样品中，凡剩余 DO≥1mg/L，消耗 DO≥2mg/L 都有效，计算结果时，应取平均值。

6. 水样稀释倍数超过 100 倍时，应预先在容量瓶中用水初步稀释后，再取适量进行最后稀释培养。

7. 在培养过程中注意及时添加封口水。

8. 水样 pH 应在 6.5～7.5 范围内，若超出盐酸或氢氧化钠调节 pH 近于 7。

六、数据记录与处理

1. 实验数据记录

将实验数据记录于表 1-25。

表 1-25　实验数据记录表

稀释倍数 /n	取样量 /mL	测定时间	滴定前 /mL	滴定后 /mL	滴定数 /mL	DO /（mg/L）	BOD$_5$/（mg/L）	
							稀释法	标准法
空白		5 天前						
		5 天后						
水样 1		5 天前						
		5 天后						
水样 2		5 天前						
		5 天后						
水样 3		5 天前						
		5 天后						
平均值：								

2. 溶解氧计算公式

$$\mathrm{DO}(O_2, \mathrm{mg/L}) = \frac{c_{Na_2S_2O_3} V_{Na_2S_2O_3} \times 8 \times 1000}{100} \quad (1\text{-}13)$$

式中　$c_{Na_2S_2O_3}$——硫代硫酸钠溶液的浓度，mol/L；

$V_{Na_2S_2O_3}$——滴定时消耗硫代硫酸钠溶液的体积，mL；

8——氧（1/4O_2）的摩尔质量，g/mol；

100——滴定时取水样溶液的体积。

3. 采用"稀释法"计算 BOD$_5$ 值（未接种时）

$$\mathrm{BOD}_5(O_2, \mathrm{mg/L}) = D_1 - D_2 \quad (1\text{-}14)$$

式中　D_1——水样在培养前的溶解氧质量浓度，mg/L；

D_2——水样在培养后的溶解氧质量浓度，mg/L。

4. 采用"稀释接种"计算 BOD$_5$ 值（本实验采用此种方法计算）

$$\mathrm{BOD}_5(O_2, \mathrm{mg/L}) = \frac{(D_1 - D_2) - (B_1 - B_2)f_1}{f_2} \quad (1\text{-}15)$$

式中　D_1——接种稀释水样在培养前的溶解氧质量浓度，mg/L；
　　　D_2——接种稀释水样在培养后的溶解氧质量浓度，mg/L；
　　　B_1——空白样在培养前的溶解氧质量浓度，mg/L；
　　　B_2——空白样在培养后的溶解氧质量浓度，mg/L；
　　　f_1——接种稀释水或稀释水在培养液中所占比例；
　　　f_2——原样品在培养液种所占比例。

注：对于 f_1、f_2 的计算，$f_1=1-f_2$，例如培养液的稀释比为 3%，即 3 份水样，97 份稀释水，则 f_1=0.97，f_2=0.03。

培养 5 天后，剩余 DO≥1mg/L，消耗 DO≥2mg/L（若不满足，舍弃该组结果）。

七、思考题

1. 简述 BOD_5 的含义和 BOD_5 测定的意义。
2. 测定 BOD_5 的水样应该满足什么的条件，才能获得可靠的测定结果？否则应该如何做？
3. 如何制备稀释水？
4. 通常污染水样在进行 BOD_5 测定时需进行什么处理？
5. 如果样品本身不含有足够的合适性微生物，应采用哪些方法获得接种水？
6. 对于同一水样来说，COD、BOD 在数量上是否有一定的关系？为什么？

八、实验讨论与小结

稀释水和接种液的质量和化验人员的水平，会影响最后的检测结果，造成误差，需要采取合适方法检查稀释水和接种液的质量和化验人员的水平，否则可能不容易分析实验结果的准确性，以及误差的原因。

九、附录

COD 与 BOD 的比较

1. 定义不同

生化需氧量（biochemical oxygen demand，BOD）是指地面水体中微生物分解有机物的过程消耗水中的溶解氧的量，常用单位为 mg/L。化学需氧量（chemical oxygen demand，COD）是指水体中能被氧化的物质在规定条件下进行化学氧化过程中所消耗氧化剂的量，以每升水样消耗氧的质量表示，常用单位为 mg/L。

2. 条件不一样

COD 的测定不受水质条件限制，测定时间短；但是 COD 不能区分可被生物氧化的和难以被生物氧化的有机物，不能表示出微生物所能氧化的有机物的量，而且化学氧化剂不仅不能氧化全部有机物，反而会氧化某些还原性的无机物。

所以采用BOD作为有机物污染程度的指标较为合适，在水质条件限制不能做BOD测定时，可用COD代替。

3. 测试方法不一样

COD是用化学的方法进行测定的，它基本上可以表征污水中所有的有机物浓度，这其中就包含了可被生物降解的和不可被生物降解的。

BOD一般选用五天生化需氧量来测定，它基本上可以表征污水中可降解的有机物。同一份水质，只要不出现测定误差，COD肯定大于BOD。

同时又用BOD/COD的比值来表征污水的可生化性。一般情况下，城市生活污水中这个比值大于0.3就是说明污水可生化性好。

实验 1.14　水中总氮（TN）的测定

一、实验目的

1. 学习碱性过硫酸钾消解-紫外分光光度法测定总氮的原理。
2. 掌握总氮的检测方法及操作步骤。

二、实验原理

过硫酸钾是一种强氧化剂，在 60℃以上水溶液中可进行如下分解产生原子态氧：

$$K_2S_2O_8 + H_2O \longrightarrow 2KHSO_4 + [O]$$

分解出的原子态氧在 120～140℃高压水蒸气条件下可将水中大部分有机氮化合物及氨氮、亚硝酸盐氧化成硝酸盐。以 $CO(NH_2)_2$ 代表可溶性有机氮化合物，各形态氧化示意式如下：

$$CO(NH_2)_2 + 2NaOH + 8[O] \longrightarrow 2NaNO_3 + 3H_2O + CO_2$$

$$(NH_4)_2SO_4 + 4NaOH + 8[O] \longrightarrow 2NaNO_3 + Na_2SO_4 + 6H_2O$$

$$2NaNO_2 + 2[O] \longrightarrow 2NaNO_3$$

在 120～124℃下，碱性过硫酸钾溶液使样品中含氮化合物的氮转化为硝酸盐，硝酸根离子在紫外线波长 220nm 处有特征性的最大吸收，而在 275nm 波长处则基本没有吸收值。可采用紫外分光光度法分别于波长 220nm 和 275nm 处，测定吸光度 A_{220} 和 A_{275}，按式（1-16）求出校正吸光度 A，总氮（以 N 计）含量与校正吸光度 A 成正比。

$$A = A_{220} - 2A_{275} \tag{1-16}$$

式中，2 为溶解在水中有机物在 220nm 和 275nm 处吸光度的经验系数。

三、实验仪器与试剂

1. 仪器

紫外分光光度计（具 10mm 石英比色皿）、高压蒸汽灭菌器（最高工作压力不低于 1.1～1.4kg/cm；最高工作温度不低于 120～124℃）、具塞磨口玻璃比色管（25mL）、一般其他实验室常用仪器和设备等。

2. 试剂

（1）无氨水：每升水中加入 0.10mL 浓硫酸蒸馏，收集馏出液于具塞玻璃容器中。也可使用新制备的去离子水。

（2）200.0g/L 氢氧化钠溶液：称取 20.0g 氢氧化钠溶于无氨水中，稀释至 100mL。

（3）20.0g/L 氢氧化钠溶液：量取 200.0g/L 氢氧化钠溶液 10mL，稀释至 100mL。

(4)碱性过硫酸钾溶液：称取 40.0g 过硫酸钾，另取 15.0g 氢氧化钠溶于无氨水中并稀释至 1000mL，溶液贮存于聚乙烯瓶中，可保存一周。

(5)硝酸钾标准贮备液（100.0mg/L）：在 105～110℃烘箱中烘干 3h，于干燥器中冷却后，称取 0.7218g 溶于纯水中，移至 1000mL 容量瓶中。加入 1～2mL 三氯甲烷作为保护剂，在 0～10℃暗处保存，可稳定 6 个月。也可直接购买市售有证标准溶液。

(6)硝酸钾标准使用液（10.0mg/L）：量取 10.00mL 硝酸钾标准贮备液至 100mL 容量瓶中，用水稀释至标线，混匀，临用现配。

(7)盐酸溶液（1∶9）。

(8)硫酸溶液（1∶35）。

四、实验步骤

1．标准曲线的绘制

(1)分别吸取 0.00mL、0.20mL、0.50mL、1.00mL、3.00mL、7.00mL 硝酸钾标准使用液于 25mL 比色管中，用无氨水稀释至 10mL 标线。

(2)加入 5mL 碱性过硫酸钾溶液，塞紧磨口塞，用纱布及纱绳裹紧管塞，以防迸溅出。

(3)将比色管置于民用压力锅中，加热至顶压阀吹气。关阀，继续加热至 120℃开始计时，保持温度在 120～124℃之间 30min。自然冷却、开阀放气，移去外盖，取出比色管冷却至室温，按住管塞将比色管中的液体颠倒混匀 2～3 次。

(4)加入盐酸溶液（1∶9）1mL，用无氨水稀释至 25mL 标线，盖塞混匀。使用 10mm 石英比色皿，在紫外分光光度计上，以水作参比，分别于波长 220nm 和 275nm 处测定吸光度。零浓度的矫正吸光度 A_b、其他标准系列的校正吸光度 A_s 及其差值 A_r 按公式（1-17）、式（1-18）和式（1-19）进行计算。以总氮（以 N 计）含量（μg）为横坐标，对应的 A_r 值为纵坐标，绘制标准曲线。

$$A_b = A_{b(220)} - 2A_{b(275)} \tag{1-17}$$

$$A_s = A_{s(220)} - 2A_{s(275)} \tag{1-18}$$

$$A_r = A_s - A_b \tag{1-19}$$

式中 A_b——零浓度（空白）溶液的校正吸光度；

$A_{b(220)}$——零浓度（空白）溶液于波长 220nm 处的吸光度；

$A_{b(275)}$——零浓度（空白）溶液于波长 275nm 处的吸光度；

A_s——标准溶液的校正吸光度；

$A_{s(220)}$——标准溶液于波长 220nm 处的吸光度；

$A_{s(275)}$——标准溶液于波长 275nm 处的吸光度；

A_r——标准溶液校正吸光度与零浓度（空白）溶液校正吸光度的差。

2．水样的测定

取 10mL 水样，按标准曲线步骤进行测定（试样中的含氮量超过 70μg 时，可减少取样量并加水稀释至 10.00mL）。

3. 空白实验

用 10mL 水代替水样，按标准曲线步骤进行测定。

五、注意事项

1. 溶解性有机物对紫外光有较强的吸收，虽使用了双波长测定扣除法以校正，但不同样品其干扰强度和特性不同，有机物中氮未能完全转化为硝酸盐氮对测定结果也有一定影响。

2. 玻璃器皿可用 10%盐酸浸洗，用蒸馏水冲洗后再用无氨水冲洗。

3. 测定悬浮物较多的水样时，在过硫酸钾氧化后可能出现沉淀。遇此情况，可吸取氧化后的上清液进行紫外分光光度法测定。

4. 水样采集后立即放于低于 4℃的条件下保存，保存时间不得超过 24h。

5. 当水样放置时间较长时，可在 1000mL 水样中加入约 0.5mL 硫酸（密度为 1.84g/mL），酸化到 pH 小于 2，并尽快测定。

6. 钙镁金属离子对测定结果会产生严重干扰，含量越大，影响越大，应添加金属络合剂消除金属离子对实验的干扰。

六、数据记录与处理

1. 实验数据记录表

将标准曲线的绘制步骤的实验数据记录于表 1-26 中。

表 1-26　标准曲线的绘制数据记录表

管号	1	2	3	4	5	6
硝酸盐标准溶液/mL	0.00	0.20	0.50	1.00	3.00	7.00
碱性过硫酸钾/mL	5.0					
盐酸	1.0					
$A_{b(220)}$						
$A_{b(275)}$						
$A_b=A_{b(220)}-2A_{b(275)}$						
$A_{s(220)}$						
$A_{s(275)}$						
$A_s=A_{s(220)}-2A_{s(275)}$						
$A_r=A_s-A_b$						

2. 计算

样品中总氮的质量浓度 c_{TN}（mg/L）按式（1-20）进行计算。

$$c_{TN} = \frac{(A_r - a) \times f}{bV} \tag{1-20}$$

式中　c_{TN}——样品中总氮（以 N 计）的质量浓度，mg/L；
　　　A_r——试样的校正吸光度与空白实验校正吸光度的差值；

a——校准曲线的截距；

b——校准曲线的斜率；

V——试样体积，mL；

f——稀释倍数。

将水样测定实验数据记录于表 1-27 中。

表 1-27 水样测定记录

水样	水样 1	水样 2	水样 3
总氮含量/（mg/L）			
平均值			

七、思考题

1. 简述测定总氮的意义，总氮对水体的影响。
2. 简述亚硝酸盐氮、硝酸盐氮、有机氮、氨氮、总氮、凯式氮之间的关系。
3. 简述消解方法对检测结果的影响。

八、实验讨论与小结

此方法的优点是步骤相对简单，所需试剂较少，要求使用的仪器设备一般实验室都能具备。但是该方法对空白值的要求非常严格，其所需试剂中的过硫酸钾、氢氧化钠本身都含有一定量的氮，因此空白实验不易做好。此外，做实验时应谨慎小心，尽量将误差降低到最小，增加实验的准确性。

九、附录

氮污染的特征以及氮污染的影响因素

氮在自然界以各种形态进行着循环转换，有机氮如蛋白质经水解为氨基酸，在微生物作用下分解为氨氮，氨氮在硝化细菌作用下转化为亚硝酸盐氮（NO_2^-）和硝酸盐氮（NO_3^-）。另外，厌氧条件下，NO_2^- 和 NO_3^- 在脱氮菌作用下转化为 N_2。氮是细菌繁殖不可缺少的物质元素，当工业废水中氮量不足时，采用生物处理时要人为补充氮。但氮也是引发水体富营养化污染的元素之一。

一般水中的总氮是指地面水、地下水含亚硝酸盐氮、硝酸盐氮、无机铵盐、溶解态氨及消解条件下碱性溶液中可水解的有机氮及含有悬浮颗粒物中的氮的总和。水体总氮含量是衡量水质的重要指标之一。水体中含氮量的增加将导致水体质量下降。特别对于湖泊、水库水体，由于含氮量增加，水体中浮游生物和藻类大量繁殖而消耗水中的溶解氧，从而加速湖泊、水库水体的富营养化和水体质量恶化。

总氮中对人体危害最大的是亚硝酸盐氮。当水中的亚硝酸盐氮过高时，它将和蛋白质结合形成亚硝胺。亚硝胺是一种强致癌物质，长期饮用含亚硝胺的水对身体极为不利。而且氨氮在厌氧条件下，也会转化为亚硝酸盐氮；饮用水中硝酸盐氮在人体内经硝酸还原菌作用后被还原为亚硝酸盐氮。亚硝酸盐的毒性是硝酸盐毒性的 11 倍，主要影响血红蛋白携带氧的能力，使人体出现窒息现象。

影响水环境中的氮污染因素既广泛又复杂。按氮污染的来源，可分为城镇生活污水、含氮的工业废水和农田氮肥。城镇生活污水和含氮的工业废水，对水环境中的氮污染影响（尤其是对地表水中的氮污染）作用十分明显，但其影响的程度主要取决于：①含氮污水中氮化合物形态和含量；②含氮污水的排放强度；③纳污水体的自净能力。

目前，我国的多数污水处理的目的都是为了降低污水中氮的存在形式，使得污水中的氮化合物向易于降解的方向转化。纳污水体的自净能力主要是指纳污水体对氮化合物的稀释和降解的能力，主要取决于纳污水体的径流特性和富氧条件。如果纳污水体的径流量大，富氧条件好，则其对含氮污水的稀释和降解能力就强。

城镇居民的生活污水和含氮工业废水相比，农田氮肥对水环境中的氮污染的影响则是不易被人所觉察的，并在时间上表现为滞后现象。按农田氮肥进入水环境中的途径来看，农田氮肥气态损失对水环境的影响只是间接作用，而农田氮肥的径流损失和淋流损失则对水环境的影响起着直接的控制作用。

天然降水和人为灌溉形成的地表径流，既可造成土壤全氮（沉积氮）的损失，又可将土壤可溶性氮（溶解氮）的损失带入地表水体。显然，农田氮肥的径流损失越大，所造成的地表水体中氮污染的程度越严重。一般地，地表径流造成氮的损失程度依当地的降雨情况（降雨强度、降雨时间和降雨分布）、施肥状况（种类、时间、数量）、地形地貌特点、植被覆盖条件和土壤条件不同而变化。尤其是降雨条件和施肥状况对农田氮肥的径流损失有很大的影响。施肥后 1～5d 内发生降雨 18.5cm 所引起的农田氮素的损失量几乎占施入氮肥的 10%～20%，而且尿素的地表径流损失比硝酸铵的氮要少一半。

实验1.15 水中总磷（TP）的测定

一、实验目的

1. 了解测定总磷的意义。
2. 学会使用钼酸铵分光光度法测定总磷。

二、实验原理

总磷是水体中磷元素的总含量，是水体富含有机质的指标之一。磷含量过多会引起藻类植物的过度生长，水体富营养化，发生水华或赤潮，打乱水体的平衡。

水中总磷包括溶解和不溶解的各种形式磷酸盐和含磷有机物。水中的含磷化合物，在中性条件下，用过硫酸钾（或硝酸-高氯酸）使试样消解，将所含磷全部氧化成正磷酸盐。

正磷酸盐在酸性介质中，可同钼酸铵和酒石酸氧锑钾反应，在锑盐存在下生成磷钼杂多酸后，立即被抗坏血酸还原，生成蓝色的络合物磷钼蓝，在700nm波长下，测定样品的吸光度。从用同样方法处理的标准曲线，查出水样含磷量，计算总磷浓度。本法最低检出浓度为0.01mg/L。

三、实验仪器与试剂

1. 仪器

具塞比色管、分光光度计等。

2. 试剂

（1）硫酸（H_2SO_4）：密度为1.84g/mL。

（2）硝酸（HNO_3）：密度为1.4g/mL。

（3）高氯酸（$HClO_4$）：密度为1.4g/mL。

（4）硫酸（H_2SO_4）溶液（1∶1）。

（5）硫酸 [$c(1/2H_2SO_4)\approx 1mol/L$]：将27mL密度为1.84g/mL硫酸加入到973mL水中混合，即得。

（6）1mol/L氢氧化钠溶液：将40g氢氧化钠溶于水中并稀释至1000mL。

（7）6mol/L氢氧化钠溶液：将240g氢氧化钠溶于水中并稀释至1000mL。

（8）50g/L过硫酸钾溶液：将5g过硫酸钾溶于水中，并稀释至100mL。

（9）100g/L抗坏血酸溶液：溶解10g抗坏血酸于水中，并稀释至100mL。此溶液贮存于棕色的试剂瓶中，在冷处可稳定几周。如不变色可长时间使用。

（10）钼酸盐溶液：溶解 13g 钼酸铵于 100mL 水中，溶解 0.35g 酒石酸锑钾于 100mL 水中，在不断搅拌下把钼酸铵溶液缓慢加到 300mL 硫酸溶液中，混匀。此溶液贮存于棕色试剂瓶中，放在约 4℃处可保存二个月。

（11）磷标准贮备液：称取（0.2197±0.001）g 磷酸二氢钾于 110℃干燥 2h，用水溶解后转移至 1000mL 容量瓶中，加入大约 800mL 水，加 5mL 硫酸用水稀释至标线，混匀。1.00mL 此标准溶液含 50.0μg 磷。本溶液在玻璃瓶中可贮存至少六个月。

（12）磷标准使用液：将 10.0mL 磷标准贮备液转移至 250mL 容量瓶中，用水稀释至标线并混匀。1.00mL 此标准溶液含 2.0μg 磷。使用当天配制。

（13）10g/L 酚酞指示剂溶液：将 0.5g 酚酞溶于 50mL 95%乙醇中，即得。

四、实验操作步骤

1. 标准曲线的绘制

取 7 支具塞刻度管分别加入 0mL、0.50mL、1.00mL、3.00mL、5.00mL、10.0mL、15.0mL 磷标准贮备液，加水至 50mL。然后按步骤 2 "水样的测定"方法进行处理。以水作参比，测定吸光度。扣除空白试样的吸光度后，和对应的磷含量绘制标准曲线。

2. 水样的测定

（1）水样采集和制备：采取 500mL 水样后加入 1mL 硫酸调节样品的 pH，使之低于或等于 1，或不加任何试剂于冷处保存。

取 25mL 样品于具塞刻度管中，取时应仔细摇匀，以得到溶解部分和悬浮部分均具有代表性的试样。如样品中含磷浓度较高，试样体积可以减少。

注：含磷量较少的水样，不要用塑料瓶采样，因磷酸盐易吸附在塑料瓶壁上。

（2）消解

① 过硫酸钾消解：向消解后试样中加 4mL 过硫酸钾溶液，将具塞刻度管的盖塞紧后，用一小块布和线将玻璃塞扎紧（或用其他方法固定），放在大烧杯中置于高压蒸气消毒器中加热，待压力达 1.1kg/cm^2，相应温度为 120℃时、保持 30min 后停止加热。待压力表读数降至零后，取出放冷。然后用水稀释至标线。

注：如用硫酸保存水样。当用过硫酸钾消解时，需先将试样调至中性。

② 硝酸-高氯酸消解：取 25mL 试样于锥形瓶中，加数粒玻璃珠，加 2mL 硝酸在电热板上加热浓缩至 10mL。冷后加 5mL 硝酸，再加热浓缩至 10mL，放冷。加 3mL 高氯酸，加热至高氯酸冒白烟，此时可在锥形瓶上加小漏斗或调节电热板温度，使消解液在锥形瓶内壁保持回流状态，直至剩下 3～4mL，放冷。加水 10mL，加 1 滴酚酞指示剂。滴加氢氧化钠溶液至刚呈微红色，再滴加硫酸溶液使微红刚好退去，充分混匀。移至具塞刻度管中，用水稀释至标线。

注：①用硝酸-高氯酸消解需要在通风橱中进行。高氯酸和有机物的混合物经加热易发生危险，需将试样先用硝酸消解，然后再加入高氯酸进行消解。②绝不可把消解的试样蒸干。③如消解后有残渣时，用滤纸过滤于具塞刻度管中，并用水充分清洗锥形瓶及滤纸，一并移到具塞刻度管中。④水样中的有机物用过硫酸钾氧化不能完全破坏时，可用此法消解。

（3）发色：分别向各份消解液中加入 1mL 抗坏血酸溶液混匀，30s 后加 2mL 钼酸盐溶液充分混匀。

注：①如试样中含有浊度或色度时，需配制一个空白试样（消解后用水稀释至标线）然后向试样中加入 3mL 浊度-色度补偿液，但不加抗坏血酸溶液和钼酸盐溶液。然后从试料的吸光度中扣除空白试料的吸光度。②砷大于 2mg/L 干扰测定，用硫代硫酸钠去除。硫化物大于 2mg/L 干扰测定，通氮气去除。铬大于 50mg/L 干扰测定，用亚硫酸钠去除。

（4）分光光度法测定：室温下放置 15min 后，在 700nm 波长下，以水作参比，测定吸光度，扣除空白实验的吸光度后，从标准曲线上求得磷的含量。

注：如显色时室温低于 13℃，可在 20~30℃水浴中显色 15min 即可。

五、注意事项

1. 水中砷、铬、硫将严重干扰测定，砷含量大于 2mg/L 时使测定结果偏高，可用硫代硫酸钠除去；硫含量大于 2mg/L 时干扰测定，通氮气除去。铬含量大于 50mg/L 时干扰测定，用亚硫酸钠除去。

2. 含氯化合物高的水样品在消除过程中会产生 Cl_2，从而对测定产生负干扰，含有大量不含磷的有机物会影响有机磷的消解转化成正磷酸。此样品应选用 HNO_3-$HClO_4$ 方法消解样品。

3. 如果水样已经加酸保存的，则需中和后加过硫酸钾消煮。

4. 玻璃器皿包括采样瓶应用酸洗涤，不应用含有磷酸盐的洗涤剂洗涤，以免因玻璃表面吸附作用而造成磷酸盐的污染和样品中磷酸盐的损失。

5. 单测总磷的水样一般不加防腐剂，吸取水样时，应将水样混合后吸取。

六、数据记录与处理

1. 实验数据的记录

将标准曲线绘制步骤中的各项数据记录于表 1-28。

表 1-28 标准曲线绘制记录表

管号	1	2	3	4	5	6	7
磷标准贮备液/mL	0	0.50	1.00	3.00	5.00	10.0	15.0
过硫酸钾/mL				4			
硝酸/mL				2			
高氯酸/mL				3			
抗坏血酸/mL				1			
A							
ΔA							

将水样的测定结果记录于表 1-29 中。

表1-29 水样测定记录表

水样	水样1	水样2	水样3
吸光度 A			
ΔA			
总磷含量/(mg/L)			
平均值			

2. 磷浓度的计算

根据标准曲线得出水样中磷的含量,并按下式计算水样的总磷(TP)含量:

$$c_{TP} = \frac{m}{V} \tag{1-21}$$

式中 m——水样中含磷量,μg;

V——测定用水样体积,mL。

七、思考题

1. 为什么把水的总磷列入必须监测项目?总磷中包括哪些形态的磷?
2. 当有机物和悬浮物不能被消解方法消解时对分析结果无影响?如何解决?
3. 本方法需要哪些显色条件?如何消除干扰?

八、实验讨论与小结

本实验的精密度、准确度、可重复性都较高,但依然会有一些因素会影响测量结果,在操作过程中注意人工误差。

九、附录

水体中的磷污染来源

水体中的磷污染主要来源于以下三个方面。

(1)农业排水。首先是由于农业磷肥的使用,使在土壤中积累了相当数量的营养物质,它们可随农田排水流入临近的水体。此外,饲养家畜过程所产生的废物中也含有相当数量的营养物质,有可能通过排水进入临近水体。

(2)城市污水。城市污水中所含磷的主要来源是粪便、食品污物和合成洗涤剂。尤其是合成洗涤剂,在一些高消费地区如北美的污水中50%~70%的总磷来自于此。在污水处理厂,污水中很大部分的磷通过金属磷酸盐(如磷酸钙)沉淀而被除去,未除去的随排出水流入旁边的受纳水体。在处理过程中也用到许多含磷的化学药剂,如磷酸三钠、多聚磷酸钠等,它们也可能进入受纳水体。

(3)其他来源。主要包括城镇和乡村的径流、工业废水和地下水等。磷在水体中有不同的存在形态,且各种形态间可相互转化。其中悬浮态磷(含无机态和有机态)大多存在于细菌和动植物残骸的碎屑中。

第 2 章
空气质量监测实验

实验 2.1 空气中甲醛浓度的测定

一、实验目的

1. 了解测定甲醛浓度的意义。
2. 掌握室内甲醛的测定方法及原理。

二、实验原理

甲醛是一种重要的化工原料，广泛用于化工涂料、木制板材等生产领域，是室内空气污染的主要来源，且具有污染源多、污染浓度高、持续时间长等特点。目前，国内外对室内空气中甲醛含量的检测方法很多。其中分光光度法就是一种最重要的检测方法。在采样体积为 0.5～10.0L 时，测定范围为 0.5～800mg/m³。

甲醛气体经水吸收后，在 pH=6 的乙酸-乙酸铵缓冲溶液中，与乙酰丙酮作用，在沸水浴条件下，迅速生成稳定的黄色化合物（3,5 二乙酰基-1,4-二氢三甲基吡啶），在一定浓度和入射光的条件下，符合朗伯比尔定律，其颜色深度与甲醛浓度成正比，在波长 413nm 处测定，进行比色定量分析。具体反应式如下：

$$\text{H-C-H} + NH_3 + 2[CH_3\text{-C-}CH_2\text{-C-}CH_3]$$

$$\longrightarrow CH_3\text{-C-}CH_2\text{-C=C-}CH_2\text{-C-}CH_3 + 3H_2O$$

本法适用于树脂、涂料、人造纤维、塑料、橡胶、染料、制药、油漆、制革等行业的排放废气，以及医药消毒、防腐、熏蒸时所产生的甲醛蒸气的测定。

三、实验仪器与试剂

1. 仪器

（1）采样器。流量范围为 0.2～1.0L/min 的空气采样器（备有流量测量装置）。
（2）皂膜流量计。
（3）多孔玻板吸收管：50mL 或 125mL；采样流量 0.5L/min 时，阻力为（6.7±0.7）kPa，

单管吸收效率大于99%。

(4) 具塞比色管：25mL，具10mL、25mL刻度线，经校正。

(5) 分光光度计：附1cm吸收池。

(6) 标准皮托管：具校正系数。

(7) 倾斜式微压计。

(8) 采样引气管：聚四氟乙烯管，内径6~7mm，引气管前端带有玻璃纤维滤料。

(9) 空盒气压表。

(10) 水银温度计：0~100℃。

(11) pH酸度计。

(12) 水浴锅。

2．试剂

(1) 不含有机物的蒸馏水：加少量高锰酸钾的碱性溶液于水中再行蒸馏即得（在整个蒸馏过程中水应始终保持红色，否则应随时补加高锰酸钾）。

(2) 吸收液：不含有机物的重蒸馏水。

(3) 乙酸铵（CH_3COONH_4）。

(4) 冰乙酸（CH_3COOH）：相对密度为1.055（水为1）。

(5) 乙酰丙酮（$C_5H_8O_2$）：相对密度为0.975（水为1）。

0.25%（体积分数）乙酰丙酮溶液：称取25g乙酸铵，加少量水溶解，加3mL冰乙酸及0.25mL新蒸馏的乙酰丙酮，混匀再加水至100mL，调整pH=6.0，此溶液于2~5℃贮存。可稳定一个月。

(6) 盐酸溶液（1:5）：相对密度为1.19（水为1）。

(7) 0.3g/L氢氧化钠溶液：称量30g氢氧化钠溶解于水中并定容至100mL。

(8) 碘（I_2）。

(9) 碘溶液［$c(I_2)=0.1mol/L$］：称量40g碘化钾溶于10mL水中，加入12.7g碘。待碘完全溶解后，用水稀释定容至1000mL。移入棕色瓶中，暗处贮存。

(10) 100g/L碘化钾溶液：称量100g碘化钾（KI）溶解于新煮沸放冷的纯水中，并稀释定容至1000mL，储存于棕色瓶中，在冰箱中保存，溶液变黄应弃去重配。

(11) 碘酸钾（KIO_3）标准溶液［$c(1/6KIO_3)=0.1000mol/L$］：称3.567g经110℃干燥2h的碘酸钾（优级纯）溶于水，于1000mL容量瓶稀释，定容。

(12) 1%淀粉溶液：称取1g可溶性淀粉，用少量水调成糊状，再用刚煮沸的水冲洗至100mL，呈透明溶液，临用时配制。

(13) 硫代硫酸钠溶液［$c(Na_2S_2O_3)=0.1000mol/L$］：称取25g硫代硫酸钠和2g碳酸钠溶解于1000mL新煮沸但已冷却的水中。贮于棕色试剂瓶内，放一周后过滤，并标定其浓度。

硫代硫酸钠溶液标定：吸取0.1000mol/L碘酸钾标准溶液25.0mL置于250mL碘量瓶中，加40mL新煮沸但已冷却的水，加100g/L碘化钾溶液10mL，再加盐酸溶液（1:5）10mL，立即盖好瓶塞，混匀，在暗处静置5min后，用硫代硫酸钠溶液滴定至淡黄色，加1mL 1%淀粉溶液继续滴定至蓝色刚刚褪去。

硫代硫酸钠溶液的浓度 $c(Na_2S_2O_3)$ 按下式计算：

$$c_{Na_2S_2O_3} = \frac{0.1 \times 25.0}{V_{Na_2S_2O_3}} \tag{2-1}$$

式中，$V_{Na_2S_2O_3}$ 为滴定消耗硫代硫酸钠溶液体积的平均值，mL。

（14）甲醛（HCHO）溶液：含甲醛 36%～38%。

a. 甲醛标准贮备液：取 10mL 甲醛溶液置于 500mL 容量瓶中，用水稀释定容。

b. 甲醛标准贮备液的标定：吸取 5.0mL 甲醛标准贮备液置于 250mL 碘量瓶中，加 0.1mol/L 碘溶液 30.0mL，立即逐滴加入 0.3g/L 氢氧化钠溶液至颜色褪到淡黄色为止（大约 0.7mL）。静置 10min，加盐酸溶液（1∶5）5mL 酸化（空白滴定时需多加 2mL），在暗处静置 10min，加入 100mL 新煮沸但已冷却的水，用标定好的硫代硫酸钠溶液滴定至淡黄色，加入新配制的 1%淀粉指示剂 1mL，继续滴定至蓝色刚刚消失为终点。同时进行空白测定。按下式计算甲醛标准贮备液浓度：

$$甲醛(mg/mL) = \frac{(V_1 - V_2) \times c_{Na_2S_2O_3} \times 15.0}{5.0} \tag{2-2}$$

式中　　V_1——空白消耗硫代硫酸钠溶液体积的平均值，mL；

V_2——标定甲醛消耗硫代硫酸钠溶液体积的平均值，mL；

$c_{Na_2S_2O_3}$——硫代硫酸钠溶液浓度，mol/L；

15.0——甲醛（1/2HCHO）摩尔质量；

5.0——甲醛标准贮备液取样体积，mL。

c. 甲醛标准使用液：用水将甲醛标准贮备液稀释成 5.00μg/mL 甲醛标准使用液，2～5℃ 贮存，可稳定一周。

四、实验操作步骤

1. 标准曲线的绘制

取 7 支 25mL 具塞比色管按表 2-1 配制甲醛标准系列。

表 2-1　甲醛标准系列

管号	0	1	2	3	4	5	6
甲醛标准溶液（0.05μg/mL）/mL	0	0.2	0.8	2.0	4.0	6.0	7.0
甲醛含量/μg	0	1.0	4.0	10.0	20.5	30.0	35.0

于上述标准系列中用水稀释定容至 10.0mL 刻度线，加 0.25%乙酰丙酮溶液 2.0mL，混匀，置于沸水浴加热 3min，取出冷却至室温，用 1cm 吸收池，以水为参比，于波长 413nm 处测定吸光度。将上述系列标准溶液测得的吸光度 A 值扣除试剂空白（零浓度）的吸光度 A_0 值，便得到校准吸光度 y 值，以校准吸光度 y 为纵坐标，以甲醛含量 x（μg）为横坐标，绘制标准曲线，或用最小二乘法计算其回归方程［式（2-3）］。注意"零"浓度不参与计算。

$$y = bx + a \tag{2-3}$$

式中　　a——标准曲线截距；

b——标准曲线斜率。

由斜率倒数求得校准因子：$B_s=1/b$。

2. 样品的采集

采样系统由采样引气管、采样吸收管和空气采样器串联组成。吸收管体积为 25mL、50mL 或 125mL，吸收液装液量分别为 20mL 或 50mL，以 0.5～1.0L/min 的流量，采气 5～40min。

3. 样品的保存

采集好的样品于 2～5℃贮存，2 天内分析完毕，以防止甲醛被氧化。

4. 样品测定

将吸收后的样品溶液移入 50mL 或 100mL 容量瓶中，用水稀释定容，取少于 10mL 试样（吸取量视试样浓度而定）于 25mL 比色管中，用水定容至 10.0mL 刻度线，以下步骤按标准曲线的绘制步骤进行分光光度测定。

5. 空白试验

用现场未采样空白吸收管的吸收液按步骤 1 同样的方法进行空白测定。

五、注意事项

1. 日光照射能使甲醛氧化，因此在采样时选用棕色吸收管。
2. 在样品运输和存放过程中，应采取避光措施。

六、数据记录与处理

1. 采样体积的校准

（1）流量校准

在采样时用皂膜流量计对空气采样器进行流量校准。

采样体积 V_m（L）按下式计算：

$$V_m = Q'_r n \tag{2-4}$$

式中　Q'_r——经校准后的流量，L/min；

　　　n——采样时间，min。

（2）压力测量

连接标准皮托管和倾斜式微压计进行压力测量，空气采样用空盒气压表进行气压读数，废气或空气压力以 P_m（kPa）表示。

（3）温度测量

用水银温度计测量管道废气或空气温度，以 t_m（℃）表示。

（4）体积校准

采气标准状态体积 V_{nd}（L）按下式计算。

$$V_{nd} = V_m \times 2.694 \times \frac{101.325 + P_m}{273 + t_m} \tag{2-5}$$

式中　V_m——废气或空气采样体积，L；

P_m——废气或空气压力，kPa；

t_m——废气或空气温度，℃；

V_{nd}——所采气样标准状态体积（0℃，101.325kPa），L。

2. 甲醛浓度的计算

试样中甲醛的吸光度 y 用下式计算：

$$y = A_s - A_b \tag{2-6}$$

式中　A_s——样品测定吸光度；

　　　A_b——空白实验吸光度。

试样中甲醛含量 x（μg）用下式计算：

$$x = \frac{y-a}{b} \times \frac{V_1}{V_2} \text{ 或 } x = (y-a)B_s \times \frac{V_1}{V_2} \tag{2-7}$$

式中　V_1——定容体积，mL；

　　　V_2——测定取样体积，mL。

废气或环境空气中甲醛浓度 c（单位为 mg/m³）用下式计算：

$$c = \frac{x}{V_{nd}} \tag{2-8}$$

式中，V_{nd} 为所采气样标准状态体积（0℃，101.325kPa），L。

七、思考题

1. 甲醛对人体健康的危害有哪些？
2. 如果甲醛超标，可以采用哪些方法治理？
3. 分析此方法测定甲醛浓度的影响因素。

八、实验讨论与小结

监测仪器长期闲置可能会有一些小问题，再加上操作误差，平行测量会有一些差别。测量时如果没有关窗，空气的流通性比较大，监测会不稳定。

九、附录

甲醛的危害

甲醛是无色、具有强烈气味的刺激性气体，其 35%～40% 的水溶液通常称为福尔马林。甲醛是原浆毒物，能与蛋白质结合，吸入高浓度甲醛后，会出现呼吸道的严重刺激和水肿、眼刺痛、头痛，也可发生支气管哮喘。

皮肤直接接触甲醛，可引起皮炎、色斑、坏死。经常吸入少量甲醛，能引起慢性中毒，出现黏膜充血、皮肤刺激征、过敏性皮炎、指甲角化和脆弱、甲床指端疼痛等。全身症状有头痛、乏力、纳差、心悸、失眠、体重减轻以及自主神经紊乱等。各种人造板材（刨花板、纤维板、胶合板等）中由于使用了黏合剂，因而可含有甲醛；新式家具的制作，墙面、地面的装饰铺设，窗体顶端、底端也都要使用黏合剂。凡是大量使用黏合剂的地方，总会有甲醛释放。此外，某些化纤地毯、油漆涂料也含有一定量的甲醛。甲醛还可引起过敏性哮喘，大量接触时可引起过敏性紫癜。甲醛已被世界卫生组织确定为三大致癌物之一，会对人体产生致癌和致突变作用。

甲醛通过呼吸系统为人体所吸收，引起鼻腔、口腔、咽喉的异常，严重的可引起肺功能、肝功能和免疫功能的异常。有资料表明，甲醛浓度为 $0.06\sim0.07mg/m^3$，儿童会气喘，浓度在 $0.1mg/m^3$ 时，有异味和不适感，当浓度在 $0.5mg/m^3$ 时，会刺激眼睛，引起流泪，严重时甲醛还可以损害神经系统，使记性力下降。

因此，甲醛对人体的影响及危害很大。

实验 2.2　环境空气中总悬浮颗粒物的测定

一、实验目的

1. 掌握重量法测定大气中总悬浮颗粒物的基本技术。
2. 掌握中流量 TSP 采样基本技术及采样方法。

二、实验原理

大气悬浮颗粒物是悬浮在空气中的微小的固体和液体小滴的混合物，是烟雾和空气尘埃的主要成分，其浓度达到一定程度后，会导致人体产生一系列疾病，是危害人体健康的主要污染物。测定大气中总悬浮颗粒物的含量，对我们治理大气污染和保护人类自身健康十分重要。

通过具有一定切割特性的采样器，以恒速抽取定量体积的空气，空气中粒径小于 100μm 的悬浮颗粒物，被截留在已恒重的滤膜上。根据采样前、后滤膜重量之差及采样体积，计算总悬浮颗粒物的浓度。滤膜经处理后，进行组分分析。

本方法适合于用大流量或中流量总悬浮颗粒物采样器进行空气中总悬浮颗粒物的测定。该方法的检出限为 $0.001mg/m^3$。总悬浮颗粒物含量过高或雾天采样使滤膜阻力大于 10kPa，本方法不适用。

三、实验仪器

（1）中流量采样器（流量 80～120L/min）。
（2）分析天平（精度 0.1mg）。
（3）滤膜（聚氯乙烯滤膜）。
（4）镊子。
（5）滤膜：超细玻璃纤维滤膜，对 0.3μm 标准粒子的截留效率不低于 99%，在气流速度为 0.45m/s 时，单张滤膜阻力不大于 3.5kPa，在同样气流速度下，抽取经高效过滤器净化的空气 5h，$1cm^2$ 滤膜失重不大于 0.012mg。
（6）滤膜袋：用于存放采样后对折的采尘滤膜。袋面印有编号、采样日期、采样地点、采样人等项目。
（7）滤膜保存盒：用于保存、运送滤膜，保证滤膜在采样前处于平展不受折状态。
（8）恒温恒湿箱：箱内空气温度要求在 15～30℃ 范围内连续可调，控温精度±1℃；箱内空气相对湿度应控制在（50±5）%。恒温恒湿箱可连续工作。

四、实验操作步骤

1. 采样器的流量校准

新购置或维修后的采样器在启用前,需进行流量校准;正常使用的采样器每月需进行一次流量校准。流量校准步骤如下所述。

(1) 计算采样器工作点的流量:采样器应工作在规定的采气流量下,该流量称为采样器的工作点。在正式采样前,需调整采样器,使其工作在正确的工作点上,按下述步骤进行。

① 采样器采样口的抽气速度 W 为 0.3m/s。大流量采样器的工作点流量 Q_H(m³/min)为

$$Q_H = 1.05 \tag{2-9}$$

② 中流量采样器的工作点流量 Q_M(L/min)为

$$Q_M = 60000 W \times A \tag{2-10}$$

式中,A 为采样器采样口截面积,m²。

将 Q_H 或 Q_M 计算值换算成标况下的流量 Q_{HN}(m³/min)或 Q_{MN}(L/min)

③ $$Q_{HN} = (Q_H P T_N)/(T P_N) \tag{2-11}$$

④ $$Q_{MN} = (Q_M P T_N)/(T P_N) \tag{2-12}$$

⑤ $$\lg P = \lg 101.3 - h/18400 \tag{2-13}$$

式中 T——测试现场月平均温度,K;

P_N——标况压力,101.3kPa;

T_N——标况温度,273K;

P——测试现场平均大气压,kPa;

h——测试现场海拔高度,m。

⑥ 将式(2-14)中 Q_N 用 Q_{HN} 或 Q_{MN} 代入,求出修正项 Y,再按式(2-15)计算 ΔH(Pa)

$$Y = BQ_N + A \tag{2-14}$$

⑦ 式中斜率 B 和截距 A 由孔口流量计的标定部门给出。

$$\Delta H = (Y^2 P_N T)/(P T_N) \tag{2-15}$$

(2) 采样器工作点流量的校准

① 打开采样头的采样盖,按正常采样位置,放一张干净的采样滤膜,将孔口流量计的接口与采样头密封连接。孔口流量计的取压口接好压差计。

② 接通电源,开启采样器,待工作正常后,调节采样器流量,使孔口流量计压差值达到式(2-15)计算的 ΔH 值。

③ 校准流量时,要确保气路密封连接,流量校准后,如发现滤膜上灰尘的边缘轮廓不清晰或滤膜安装歪斜等情况,可能造成漏气,应重新进行校准。

2. TSP 采样

(1) 滤膜准备:对光检查滤膜是否有针孔或其他缺陷,然后放入分析天平(精度 0.1mg)中称重,记录下滤膜重量 W_0(g)。称量好的滤膜平展地放在滤膜保存盒中,采样前不得将滤膜弯曲或折叠。

(2)采样点和采样时间确定：选取采样点，采样时间为上午8点至晚上8点，天气情况良好，多云，微风，早晚气温变化不大。安装好空气采样仪器。

(3)仪器准备：取出滤膜夹器，打开采样头顶盖，擦去灰尘，取出称过的滤膜，绒面向上，平放在支持网上，加装滤膜夹，固定好采样头顶盖，使不漏气。

(4)采样：以100L/min流量采样，每4h记录采样流量和现场的温度及大气压，用镊子轻轻取出滤膜，绒面向里对折，放入滤膜袋内。

(5)样品测定：采样后的滤膜在平衡室内平衡24h，迅速称重。大流量采样器滤膜称量精确到1mg，中流量采样器滤膜称量精确到0.1mg。记录下滤膜重量W_1（g）。滤膜增重，大流量滤膜不小于100mg，中流量滤膜不小于10mg。

五、数据记录与处理

$$\text{TSP 含量}(\text{mg/m}^3) = (W_1 - W_0) \cdot 10^6 / V_r t \tag{2-16}$$

式中　W_1——采样后滤膜的重量，g；

　　　W_0——采样前滤膜的重量，g；

　　　V_r——换算为参比状态下的累计采样体积，m³；

　　　t——采样时间，min。

六、注意事项

1．由于采样流量计上表观流量与实际流量随温度、压力的不同而变化，所以采样流量计必须校正后使用，并且应随时检查或调整。

2．要经常检查采样头是否漏气。测量不带衬纸的聚氯乙烯滤膜时，在取放滤膜时，要注意静电以及其他影响致使实验数据产生较大误差。当滤膜上颗粒物与四周白边之间的界线模糊，表明面板密封垫密封性能不好或没有拧紧，测量值将会偏低。

3．抽气动力的排气口应放在采样夹的下风向，必要时将排气口垫高，以免排气将地面尘土扬起。

4．采样高度应高出地面1.5~3m，若在屋顶上采样，应距屋顶1.5m。

七、思考题

1．为什么要测定空气中的总悬浮颗粒物？
2．测定总悬浮颗粒物还可以用其他方法吗？
3．分析校园大气总悬浮颗粒物（TSP）的来源与影响因素。

八、实验讨论与小结

校园TSP污染程度低，则校园空气良好，适合学生学习；若实验次数较少，实验只在一个地点测试一次，得出的结果无法进行系统的分析，实验的代表性较低。

九、附录

大气污染物对环境的影响

大气中可吸入的颗粒物是当今人类社会所面临的最严重的污染之一，多数粒径都是以 $10\mu m$ 以下的飘尘方式存在，并且可以长时间悬浮于大气当中。大气中的颗粒物对人体的呼吸系统有相当大的刺激作用，并且还有可能携带病毒、细菌以及致癌物等，极度损害人的身心健康。因此，对大气颗粒物对环境的影响与治理进行科学分析，必要而迫切。

（1）大气中颗粒物对植物生态系统的影响

针对大气颗粒物的污染，植物会表现出完全不同的植物毒素反应。由于物理、生物、化学和气候变化多种因素的作用结果，沉降在生态系统和单个植物上的颗粒物所造成的影响难以确定。除了受与全球变化相关的区域影响，在一些石灰石矿区以及金属冶炼区等地方，大多是颗粒物污染较为严重的区域。颗粒物易沉降到植物体的表面，这是大气颗粒物对植物产生的比较直接的影响。有时也会通过土壤化学成分的改变，从而间接地对植物产生影响。然而，有直接影响的通常是最主要的影响，因为间接影响转变了营养循环在这一区域内植物营养的取得，如化学影响、物理影响、酸沉降、盐度影响等。

（2）大气颗粒物对空气能见度的影响

空气中颗粒物的特性与空气能见度有着密切的关系，这些特性如气溶胶化学组成、粒径的分布、空气的相对湿度等变化，会显著改变空气的能见度。比如空气的湿度增加后，可以被颗粒物吸收的湿度也会相应增加，这样颗粒物的体积、粒径也会随着变大。

（3）大气颗粒物对材料的影响

由于经常暴露在阳光和风的作用下，加之温度和湿度的波动，石料、金属、油漆和水泥等建筑材料一般都要自然风化。当金属覆盖一层氧化物薄膜之后，可以明显降低其对环境影响的速度。另外，与金属长时间暴露在空气中相比，暴露在人为污染中的金属显然被侵蚀的速度更快，致使保护膜的作用都不明显。颗粒物污染还有一个非常明显的弊端就是使建筑材料油漆等表面变脏，会造成透明材料反光率降低和不透明材料反光率的改变。现有情况数据表明，暴露在污染物环境当中，会增加材料表面的清洗次数，并且降低被污染材料的使用性。

（4）大气颗粒物对全球气温变化和紫外辐射传播的影响

现阶段全球气温显著变暖，其主要原因就是由温室气体的排放造成的，然而随着全球气温的回升又使得全球气温模式发生了变化，这样就会对人的身心健康产生不良的影响。但对将来如何发展则难以预测，这是因为大气颗粒物的增多会产生复杂的变化。颗粒物同样也可以影响发生在大气中的光化学反应。颗粒物对大气紫外线 B 辐射的影响不仅随区域位置而变化，即使在相同区域内，也会因一年四季的变化而产生明显的改变。从全球范围内的平均值来看，温室气体的排放完全抵消了颗粒物对大气的全面影响。颗粒物除了影响云的充沛度和垂直分布进而对气候产生间接影响外，还通过吸收太阳辐射和散射带来直接影响，因此它对气候的影响不像温室气体那样具有空间的均匀性。在任何指定区域内，颗粒物在大气中损耗平流层的臭氧后，使得紫外线辐射逐步加强的效应以及此后对人类生存环境潜在影响的预测都具有非常大的不确定性。

实验 2.3　空气中二氧化硫的测定

一、实验目的

1. 根据布点采样原则，选择适宜方法进行布点确定采样频率及采样时间，掌握测定空气中 SO_2 的采样和检测方法。
2. 根据污染物测定结果，学会计算空气污染指数（API）并描述空气质量状况。
3. 掌握甲醛缓冲溶液吸收-盐酸副玫瑰苯胺分光光度法的原理。

二、实验原理

二氧化硫被甲醛缓冲吸收液吸收后，生成稳定的羟基甲磺酸加成化合物。在样品溶液中加入氢氧化钠使加成化合物分解，释放出的二氧化硫与盐酸副玫瑰苯胺、甲醛作用，生成紫红色化合物，根据颜色深浅，用分光光度计在 577nm 处进行测定。

本实验的主要干扰物为氮氧化物、臭氧及某些重金属元素。加入氨磺酸钠可消除氮氧化物的干扰；采样后放置一段时间可使臭氧自行分解；加入磷酸及环己二胺四乙酸二钠盐可以消除或减少某些金属离子的干扰；在 10mL 样品中存在 50μg 钙、镁、铁、镍、铜等离子及 5μg 二价锰离子时不干扰测定。

本实验适用于环境空气中二氧化硫的测定。

当用 10mL 甲醛缓冲吸收液，短时间采样体积为 30L 时，测定空气中的二氧化硫的检出限为 0.007mg/m^3，测定下限为 0.028mg/m^3，测定上限为 0.667mg/m^3。

当用 50mL 甲醛缓冲吸收液，24 小时采气样 300L，取出 10mL 样品测定时，测定空气中二氧化硫的检出限为 0.004mg/m^3，测定下限为 0.014mg/m^3，测定上限为 0.0347mg/m^3。

三、实验仪器与试剂

1. 仪器

（1）空气采样器：用于短时间采样的空气采样器，流量范围 0~1L/min；用于 24h 连续采样的空气采样器应具有恒温、恒流、自动控制仪器开关的功能，流量范围 0.2~0.3L/min。各类采样器均应定期在采样前进行气密性检查和流量校准。吸收瓶的阻力和吸收效率应满足相应的技术要求。

（2）分光光度计：可见光波长范围 380~780nm。

（3）多孔玻板吸收管：10mL 多孔玻板吸收管用于短时间采样，50mL 多孔玻板吸收管用于 24h 连续采样。

（4）恒温水浴器：广口冷藏瓶内放置圆形比色管架，插一支长约 150nm、0~40℃的酒精温度计，其误差应不大于 0.5℃。

（5）10mL 具塞比色管。

2．试剂

（1）试验用蒸馏水及其制备：水质应符合实验室用水质量二级水（或三级水）的指标。可用蒸馏、反渗透或离子交换方法制备。

（2）0.050mol/L 环己二胺四乙酸二钠溶液（CDTA-2Na）：称取 1.82g 反式-1,2-环己二胺四乙酸（CDTA），加入 1.50mol/L 氢氧化钠溶液 6.5mL，溶解后用水稀释至 100mL（消除金属离子的干扰）。

（3）甲醛缓冲吸收液贮备液：吸收 36%至 38%的甲醛溶液 5.5mL；0.050mol/L CDTA-2Na 溶液 20.2mL；称取 2.04g 邻苯二甲酸氢钾，溶解于少量水中。将三种溶液合并，用水稀释至 1000mL，储于冰箱，可保存 10 个月。

（4）甲醛缓冲吸收液：用水将甲醛缓冲吸收液贮备液稀释至 100 倍而成，此吸收液每毫升含 0.2mg 甲醛，临用现配（吸收二氧化硫）。

（5）1.5mol/L 氢氧化钠溶液（分解放出二氧化硫）。

（6）0.6%氨磺酸钠溶液：称取 0.6g 氨磺酸（H_2NSO_3H）于烧杯中，加入 1.5mol/L 氢氧化钠溶液 4.0mL，搅拌至完全溶解后稀释至 100mL，摇匀。此溶液密封保存，可使用 10d（消除 NO_x 的干扰）。

（7）碘贮备液 [$c(1/2I_2)$=0.1mol/L]：称取 12.7g 碘（I_2）于烧杯中，加入 40g 碘化钾和 25mL 水，搅拌至完全溶解后，用水稀释至 1000mL，储于细口瓶中。

（8）碘使用液 [$c(1/2I_2)$=0.05mol/L]：量取碘贮备液 250mL，用水稀释至 500mL，储于细口瓶中。

（9）0.5%淀粉溶液：称取 0.5g 可溶性淀粉，用少量水调成糊状，慢慢倒入 100mL 沸水中，继续煮沸至溶液澄清，冷却后贮于试剂瓶中，临用现配。

（10）碘酸钾标准溶液 [$c(1/6KIO_3)$=0.1000mol/L]：称取 3.5667g 碘酸钾，溶解于水，移入 1000mL 容量瓶中，用水稀释至标线，摇匀。

（11）盐酸溶液。

（12）硫代硫酸钠贮备液 [$c(Na_2S_2O_3)$=0.10mol/L]：称取 25.0g 硫代硫酸钠溶液于 1000mL 新煮沸并已冷却的水中，加入 0.2g 无水碳酸钠，贮于棕色细口瓶中，放置一周后备用。如溶液呈现浑浊，必须过滤。

（13）硫代硫酸钠标准溶液 [$c(Na_2S_2O_3)$=0.05mol/L]：取 250.0mL 硫代硫酸钠贮备液，置于 500mL 容量瓶中，用新煮沸并已冷却的水稀释至标线，摇匀。

（14）0.05%乙二胺四乙酸二钠盐（Na_2EDTA）溶液：称取 0.25g $Na_2EDTA(C_{10}H_{14}N_2O_8Na_2 \cdot 2H_2O)$，溶解于 500mL 新煮沸但已冷却的水中，临用现配（消除金属离子的干扰）。

（15）二氧化硫标准溶液：称取 0.200g 亚硫酸钠，溶解于 200mL Na_2EDTA 溶液中，缓缓摇匀以防充氧，使其溶解。

（16）0.2%盐酸副玫瑰苯胺（简称 PRA，即副品红、对品红）贮备液：盐酸副玫瑰苯胺的提纯方法及纯度质量检测应达到的指标见本实验附录。

（17）0.05%盐酸副玫瑰苯胺使用液：吸取 0.20%PRA 贮备液，25.00mL 于 100mL 容量瓶中,加入85%浓磷酸30mL、浓盐酸12mL,用水稀释至标线,摇匀。放置过夜后使用,避光密封保存。

四、实验操作步骤

1. 标准曲线的绘制

取14支10mL具塞比色管,分A、B两组,每组7支,分别对应编号。A组按表2-2配制标准系列。

表2-2 二氧化硫标准系列

管号	0	1	2	3	4	5	6
SO_2标准溶液/mL	0	0.50	1.00	2.00	5.00	8.00	10.00
甲醛缓冲吸收液/mL	10.00	9.50	9.00	8.00	5.00	2.00	0
SO_2含量/μg	0	0.50	1.00	2.00	5.00	8.00	10.00

在A组各管中分别加入0.5mL氨磺酸钠溶液和0.5mL氢氧化钠溶液,混匀。在B组各管中分别加入1.00mL PRA溶液。再逐管将A组各管的溶液迅速地全部倒入对应编号的B管中,立即加塞混匀后放入恒温水浴装置中显色。显色温度与室温之差应不超过3℃,根据不同季节和环境条件,按表2-3选择显色温度与显色时间(要查明当天的室温)。

表2-3 二氧化硫显色温度与显色时间对照表

显色温度/℃	10	15	20	25	30
显色时间/min	40	25	20	15	5
稳定时间/min	35	25	20	15	10
试剂空白吸光度(A_0)	0.030	0.035	0.040	0.050	0.060

注:在显色完成后,在稳定时间内测定。

在波长577nm处,用10mm比色皿,以水为参比测量吸光度。以空白校正后各管的吸光度为纵坐标,以二氧化硫的含量(μg)为横坐标,用最小二乘法建立标准曲线的回归方程。

2. 采样采集与保存

(1)短时间采样:采用内装10mL甲醛缓冲吸收液的多孔玻板吸收管,以0.5L/min的流量采气45～60min。吸收液温度保持在23～29℃的范围。

(2)24h连续采样:用内装50mL甲醛缓冲吸收液的多孔玻板吸收管,以0.2L/min的流量连续采样24h。吸收液温度保持在23～29℃的范围。

(3)现场空白:将装有甲醛缓冲吸收液的采样管带到采样现场,除了不采气之外,其他环境条件与样品相同。

注:①样品采集、运输和贮存过程中应避免阳光照射。

②放置在室(亭)内的24h连续采样器,进气口应连接符合要求的空气质量集中采样管路系统,以减少二氧化硫进入吸收瓶前的损失。

3. 样品测定

(1)所采集的环境空气样品溶液中如有混浊物,则应离心分离除去。

（2）样品放置 20min，以使臭氧分解。

（3）短时间采集的样品：将吸收管中的样品溶液移入 10mL 比色管中，用少量甲醛缓冲吸收液洗涤吸收管，洗液并入比色管中并稀释至标线。加入 0.5mL 氨磺酸钠溶液，混匀，放置 10min 以除去氮氧化物的干扰。以下步骤同标准曲线的绘制。

（4）连续 24h 采集的样品：将吸收瓶中样品移入 50mL 容量瓶（或比色管）中，用少量甲醛缓冲吸收液洗涤吸收瓶后再倒入容量瓶（或比色管）中，并用甲醛缓冲吸收液稀释至标线。吸取适当体积的试样（视浓度高低而决定取 2～10mL）于 10mL 比色管中，再用甲醛缓冲吸收液稀释至标线，加入 0.5mL 氨磺酸钠溶液，混匀，放置 10min 以除去氮氧化物的干扰，以下步骤同标准曲线的绘制。

五、注意事项

1. 本方法标准曲线斜率为 0.044±0.002。试剂空白吸光度 A_0 在显色规定条件下波动范围不超过±15%，正确掌握其显色温度、显色时间，特别在 25～30℃条件下，严格控制反应条件是实验成败的关键。

2. 显色反应在碱性溶液中进行，故加入 PRA。

3. 加入氨磺酸钠可消除氮氧化物干扰。

4. PRA 的浓度对显色有影响，一般控制空白管吸光度值在 0.170 以下。

5. 甲醛浓度对显色有影响。甲醛浓度过高则空白值增加，甲醛浓度过低则显色时间延长。0.2%甲醛溶液较为合适。

6. 用过的比色皿及比色管应及时清洗，否则红色很难洗净。

7. 放置在室内的 24h 连续采样器，进气口应连接符合要求的空气质量集中采样管路系统，以减少二氧化硫进入吸收瓶前的损失。

六、数据记录与处理

$$二氧化硫\left(SO_2, mg/m^2\right) = \frac{(A - A_0)}{V_s b} \times \frac{V_t}{V_a} \tag{2-17}$$

式中　A——样品溶液的吸光度；

　　　A_0——试剂空白溶液的吸光度；

　　　b——回归方程的斜率；

　　　V_t——样品溶液总体积，mL；

　　　V_a——测定时所取样品溶液体积，mL；

　　　V_s——换算成标准状态下（101.325kPa，273K）的采样体积，L。

计算结果准确到小数点后三位。

根据 SO_2 的实测日均浓度、污染指数分级浓度限值及污染指数计算式，计算污染物的污染分指数，确定校区空气污染指数（API）、首要污染物、空气质量类别及空气质量状况。

七、思考题

1. 实验中配制 SO_2 标准溶液时，为何要用 Na_2EDTA 溶液作为溶剂？
2. 用盐酸副玫瑰苯胺分光光度法测定空气中 SO_2 时，能否用硫酸-铬酸洗液或高锰酸钾-碱液洗涤玻璃器皿？若错用，应如何处理？
3. 实验中分析布点、采样和污染物测定过程中可能影响监测结果代表性和准确性的因素有哪些？

八、实验讨论与小结

本次实验受客观条件的限制，以 2 次采样分析结果平均值模拟日均浓度值。实验结果得出监测点所在区域 SO_2 浓度达到《环境空气质量标准（GB 3095—2012）》标准要求，可认为该浓度符合环境空气质量标准的一级标准，校园内监测点附近空气受 SO_2 污染较小。

九、附录

实验中所用试剂副玫瑰苯胺提纯及检验方法

1. 试剂

（1）正丁醇；

（2）冰醋酸；

（3）盐酸溶液：$c(HCl)=1mol/L$。

（4）乙酸-乙酸钠溶液 [$c(CH_3COONa)=1.0mol/L$]：称取 13.6g 乙酸钠（$CH_3COONa \cdot 3H_2O$）溶于水，移入 100mL 容量瓶中，加 5.7mL 冰醋酸，用水稀释至标线，摇匀。此溶液 pH 为 4.7。

2. 试剂提纯方法

取正丁醇和 1mol/L 盐酸溶液各 500mL，放入 1000mL 分液漏斗中盖塞振摇 3min，使其互溶达到平衡，静置 15min，待完全分层后，将下层水相（盐酸溶液）和上层有机相（正丁醇）分别转入试剂瓶中备用。

称取 0.100g 副玫瑰苯胺放入小烧杯中，加入平衡过的 1mol/L 盐酸溶液 40mL，用玻璃棒搅拌至完全溶解后，转入 250mL 分液漏斗中，再用平衡过的正丁醇 80mL 分数次洗涤小烧杯，洗液并入分液漏斗中。

盖塞，振摇 3min，静止 15min，待完全分层后，将下层水相转入另一个 250mL 分液漏斗中，再加 80mL 平衡过的正丁醇，按上述操作萃取。

按此操作每次用 40mL 平衡过的正丁醇重复萃取 9~10 次后，将下层水相滤入 50mL 容量瓶中，并用 1mol/L 盐酸溶液稀释至标线，摇匀。

此 PRA 贮备液的浓度约为 0.2%，呈橘黄色。

3. 副玫瑰苯胺贮备液的检验方法

吸取 1.00mL 副玫瑰苯胺贮备液于 100mL 容量瓶中，用水稀释至标线，摇匀。

取稀释液 5.00mL 于 50mL 容量瓶中，加 5.00mL 乙酸-乙酸钠溶液用水稀释至标线，摇匀，1h 后测量光谱吸收曲线，在波长 540nm 处有最大吸收峰。

实验2.4 空气中氮氧化物的测定

一、实验目的

1. 熟悉并掌握小流量大气采样器的工作原理和使用方法。
2. 熟悉并掌握分光光度分析方法和分析仪器的使用。
3. 掌握大气监测工作中监测布点、采样、分析等环节的工作内容及方法。

二、实验原理

大气中的氮氧化物（NO_x）主要是一氧化氮（NO）和二氧化氮（NO_2）。测定氮氧化物浓度时，先用三氧化铬（CrO_3）-砂子氧化管将一氧化氮氧化成二氧化氮。二氧化氮被吸收在溶液中形成亚硝酸（HNO_2），先与对氨基苯磺酸发生重氮化反应，再与盐酸萘乙二胺偶合，生成玫瑰红色偶氮染料。然后于波长540nm测定显色溶液的吸光度，根据吸光度的数值换算出氮氧化物的浓度，测定结果以二氧化氮的含量表示。本法的检出限为 0.05μg/mL，当采样体积为 6L 时，最低检出浓度为 $0.01μg/m^3$。

三、实验仪器与试剂

1. 仪器

（1）多孔玻板吸收管。
（2）大气采样器（KC-6型）。
（3）双球玻璃氧化管（内装涂有三氧化铬催化剂的石英砂）。
（4）分光光度计（7220型）。

2. 试剂

所有试剂均用不含硝酸盐的重蒸馏水配制。检验方法要求用该蒸馏水配制的吸收液的吸光度不超过 0.005（540~545nm，10mm 比色皿，水为参比）。

（1）显色液：称取 5.0g 对氨基苯磺酸，置于烧杯中，将 50mL 冰醋酸与 900mL 水的混合液分数次加入烧杯中，搅拌使其溶解，并迅速转入 1000mL 棕色容量瓶中，待对氨基苯磺酸溶解后，加入 0.03g 盐酸萘乙二胺，用水稀释至标线，摇匀，贮于棕色瓶中。此为显色液，25℃以下暗处可保存一月。

采样时，按四份显色液与一份水的比例混合成采样用的吸收液。

（2）三氧化铬-砂子氧化管：将河砂洗净，晒干，筛取 20~40 目的部分，用盐酸溶液（1∶2）浸泡一夜后用水洗至中性后烘干。将三氧化铬及砂子按 1∶20 的质量比混合，加少量水调匀，放在红外灯下或烘箱里于 105℃烘干，烘干过程中应搅拌数次。做好的三氧化铬-砂子应是松散的，若粘在一起，说明三氧化铬比例太少，可适当加一些砂子，重新制备。

将三氧化铬-砂子装入双球玻璃氧化管中，两端用脱脂棉塞好，并用塑料管制的小帽将氧化管的两端盖紧，备用。

（3）亚硝酸钠标准贮备液：将粒状亚硝酸钠（优级纯）在干燥器内放置 24h，称取 0.3750g 溶于水，然后移入 1000mL 容量瓶中，用水稀释至标线。此溶液每毫升含 250μg NO_2^-，贮于棕色瓶中，存放在冰箱里，可稳定贮存三个月。

（4）亚硝酸钠标准使用液：临用前，吸取 1.00mL 亚硝酸钠标准贮备液于 100mL 容量瓶中，用水稀释至标线。此溶液每毫升含 2.5μg 亚硝酸钠。

四、实验操作步骤

1. 标准曲线的绘制

取 6 支 10mL 比色管，按表 2-4 中所列数据配制标准系列。

表 2-4　标准曲线绘制所需配制的标准系列

管号	0	1	2	3	4	5
亚硝酸钠标准使用液/mL	0	0.40	0.80	1.20	1.60	2.00
水/mL	2.00	1.60	1.20	0.80	0.40	0
显色液/mL	8.00	8.00	8.00	8.00	8.00	8.00
NO_2^- 浓度/（μg/mL）	0	0.10	0.20	0.30	0.40	0.50

试剂加完后，摇匀，避免阳光直射，暗处放置 20min（气温<20℃时，需放置 40min），用 1cm 比色皿，于波长 540nm 处，以水为参比，测定吸光度。扣除空白试剂的吸光度以后，对应 NO_2^- 的浓度 μg/mL，绘制标准曲线。

2. 采样

将 10mL 采样用的吸收液注入多孔玻板吸收管中，吸收管的进气口接三氧化铬-砂子氧化管，并使氧化管的进气端略向下倾斜，以免潮湿空气将氧化剂弄湿污染后面的吸收管。吸收管的出气口与大气采样器相连接，以 0.4L/min 的流量避光采样至吸收液呈浅玫瑰红色为止（采气 4~24L）。如不变色，应加大采样流量或延长采样时间。在采样同时，应检测采样现场的温度和大气压力，并做好记录。

3. 样品的测定

采样后，室温放置 20min，20℃以下时放置 40min 以上。将吸收液移入比色皿中，采用与标准曲线绘制时相同的条件测定空白和样品的吸光度。

五、注意事项

1. 配制吸收液时，应避免在空气中长时间暴露，以免吸收空气中的氮氧化物。光照射能使吸收液显色，因此在采样、运送及存放过程中，都应采取避光措施。

2. 采样前应该检查系统的气密性，采样流量的相对误差应该小于±5%。

3. 采样过程中，如吸收液体积显著缩小，要用水补充到原来的体积（应预先作好标记）。

4. 氧化管应于相对湿度为 30%～70%时使用，当空气相对湿度大于 70%时，应勤换氧化管；小于 30%时，在使用前，用经过水面的潮湿空气通过氧化管，平衡 1h 后再使用。在使用过程中，应经常注意氧化管是否吸湿引起板结，或者变为绿色。若板结会使采样系统阻力增大，影响流量；若变成绿色，表示氧化管已失效。

5. 空气中 PAN 是过氧乙酰基（PA）和二氧化氮（NO_2）结合的产物，是光化学污染的指示物。PAN 在较高温度环境下分解产生 NO_2，在人为污染很少的地区，PAN 是氮氧化物（NO_x）重要来源。空气中的 PAN 会对 NO_2 的测定产生正干扰。

六、实验结果与数据处理

$$NO_x = \frac{(A - A_0 - a)V}{bfV_s} \quad (2\text{-}18)$$

式中　A——试样溶液的吸光度；
　　　A_0——空白液的吸光度；
　　　a——标准曲线截距；
　　　b——标准曲线斜率；
　　　V——测量体积，mL；
　　　V_s——标准状态下（101.325kPa，273K）的采样体积，L；
　　　f——实验系数（取值 0.88），当空气中 NO_2 的浓度高于 0.720mg/m^3 时，取值为 0.77。

七、思考题

1. 阐述测定氮氧化合物的意义。
2. 简述本实验中所用的小流量大气采样器的基本组成部分及其作用。
3. 分析影响测定准确度的因素，如何消减或杜绝在样品采集、运输和测定过程中引进的误差。

八、实验讨论与小结

本实验结果根据取样地点、前期准备等的不同有较大的差距，如果没有进行重复实验，将产生一定的误差。在进行取样时间的测定时，需要试液颜色呈浅红色，临界点的取舍会产生较大的主观误差。采用紫外分光光度计对反应后的试液进行吸光值的测定时，光强的设置和比色皿的清洁都将影响实验结果，且仪器本身也会产生误差。

九、附录

空气污染指数（API）的相关计算

空气污染指数（API）是一种向社会公众公布的反映和评价空气质量状况的指标。它将常规监测的几种主要空气污染物浓度经过处理简化为单一的数值形式，分级表示空气质量和污染程度，具有简明、直观和使用方便的优点。

空气污染指数（API）是指将空气中的污染物的质量浓度依据适当的分级质量浓度限值进行等标化，计算得到简单的量纲为1的指数，可以直观、简明、定量的描述和比较污染的程度。

根据我国城市空气污染的特点，以 SO_2、NO_x 和 TSP 作为计算 API 的暂定项目，并确定 API 为 50、100、200 时，分别对应于我国空气质量标准中日均值的一、二、三级标准的污染浓度限值，500 则对应于对人体健康产生明显危害的污染水平。表 2-5 为空气污染指数范围及相应的空气质量级别表。

表 2-5 空气污染指数范围及相应的空气质量级别表

空气污染指数（API）	质量级别	质量描述	对健康的影响	对应空气质量的适用范围
0~50	I	优	可正常活动	自然保护区、风景名胜区和其他需要特殊保护的地区
51~100	II	良	可正常活动	城镇规划中确定的居住区、商业交通居民混合区、文化区、一般工业区和农村
101~200	III	轻污染	长期接触，易感人群症状有轻度加剧，健康人群出现刺激症状	特定工业区
201~300	IV	中污染	一定时间接触后，心脏病和肺病患者症状显著加剧，运动耐受力降低，健康人群普遍出现症状	—
≥300	V	重污染	健康人明显强烈症状，降低运动耐受力，提前出现某些疾病	—

API 的计算方法：①内插法计算各污染物的分指数 I_n；②API_{max}（I_1, I_2…I_i…I_n）；③该指数所对应的污染物即为该区域或城市的首要污染物。

某种污染物的污染分指数（I_i）按下式计算：

$$I_i = \frac{(C_i - C_{i,j})}{(C_{i,j+1} - C_{i,j})}(I_{i,j+1} - I_{i,j}) + I_{i,j} \qquad (2-19)$$

式中 C_i, I_i——分别为第 i 种污染物的浓度值和污染分指数值；

$C_{i,j}$, $I_{i,j}$——分别为第 i 种污染物在 j 转折点的浓度极限值和污染分指数值（查表 2-6）；

$C_{i,j+1}$, $I_{i,j+1}$——分别为第 i 种污染物在 $j+1$ 转折点的浓度极限值和污染分指数值。

表 2-6 空气污染指数分级浓度限值

空气污染指数（API）	污染物浓度/（mg/m³）							
	SO_2（日均值）	NO_2（日均值）	PM_{10}（日均值）	TSP（日均值）	SO_2（小时均值）	NO_2（小时均值）	CO（小时均值）	O_2（小时均值）
50	0.050	0.080	0.050	0.120	0.25	0.12	5	0.120
100	0.150	0.120	0.150	0.300	0.50	0.21	10	0.200
200	0.800	0.280	0.350	0.500	1.60	1.13	60	0.400
300	1.600	0.565	0.420	0.625	2.40	2.26	90	0.800
400	2.100	0.750	0.500	0.875	3.20	3.00	120	1.000
500	2.620	0.940	0.600	1.000	4.00	3.75	150	1.200

实验 2.5 室内二氧化碳浓度的测定

一、实验目的

1. 掌握非分散红外吸收法测定二氧化碳的原理。
2. 分析影响实验测定准确度的因素,绘制室内空气中二氧化碳的日变化曲线。

二、实验原理

CO_2 作为比较常见的室内酸性气体,可以刺激人的神经中枢产生兴奋感,但当室内 CO_2 浓度超标时,人体会产生不适,重者则会造成酸中毒。大多数室内污染源是人,污染物的散发量大致与人呼吸的 CO_2 成正比,因此 CO_2 浓度也通常被认为是间接反映室内其他污染物的富集程度或通风能力的指标。我国 2002 年颁布的室内空气质量相关规范中指出,室内空气中二氧化碳日平均最高容许浓度规定为 0.09%(1800mg/m^3)。

采用非分散红外吸收法测定二氧化碳浓度,二氧化碳气体选择性吸收 4.26μm 波长红外辐射,在一定浓度范围内,其吸收值与二氧化碳的浓度遵循朗伯-比尔定律,根据吸收值确定样品中二氧化碳的浓度。在仪器量程值为 20%(体积浓度)条件下,该方法检出限为 0.03%(0.6g/m^3),测定下限为 0.12%(2.4g/m^3)。

三、实验仪器与试剂

1. 仪器

(1) 非分散红外吸收法测定二氧化碳测定仪(含气体流量计和流量控制单元、抽气泵、检测器等)。
(2) Telaire-7001 CO_2 浓度监测仪、采样管、导气管。
(3) 标准气体钢瓶(配可调式减压阀、可调式转子流量计及导管)、集气袋等。

2. 试剂

(1) 二氧化碳标准气体(不确定度≤2%)。
(2) 零气(纯度≥99.99%的氮气)。

四、实验操作步骤

1. 采样点的选择

采样点要放在安全可靠的代表性地点;采样点至少距离地面 0.6m 以上,至少距天花板

0.6m 以下；采样点距离障碍物和其他潜在的气流停滞区域至少 0.5m。此外，也应避免靠近门窗或散热器的位置。

2．采样时间

在一天当中的 10:00～15:30 这个时间段内进行持续测试，测试过程中始终有记录人员对室内的情况进行监测并做记录。

把一天分成 6 个时间段进行采样，如表 2-7 所示。

表 2-7 采样时间顺序表

时间段	10:00-10:30	11:00-11:30	12:00-12:30	13:00-13:30	14:00-14:30	15:00-15:30
编号	1	2	3	4	5	6

3．仪器校准

将零气导入测定仪，校准仪器零点。检查校准仪器的采样流量，用标准气体将洁净的集气袋充满后排空，反复三次，再充满后备用。按仪器使用说明书中规定的步骤校准。

4．样品测定

（1）将测定仪采样管前端置于采样点上，堵严采样孔，使之不漏气。

（2）启动抽气泵，以测定仪规定的采样流量取样测定，待测定仪稳定后，按分钟保存测定数据，取至少连续 5min 测定的数据平均值作为一次测量值。

（3）一次测量结束后，依照仪器说明书的规定用零气清洗仪器。

（4）取得测量结果后，用零气清洗测定仪，待其示值回到零点附近后，关机断电，结束测定。

五、注意事项

1．仪器应在规定的环境温度、环境湿度等条件下工作。

2．测量前，应及时清洁或更换采样滤尘装置，防止阻塞气路。

3．测量时，应检查采样管加热系统工作是否正常。

六、数据记录与处理

1．监测记录

室内采样实验数据监测记录于表 2-8。

表 2-8 实验数据监测记录表

编号	1	2	3	4	5	6
采样时间段	10:00-10:30	11:00-11:30	12:00-12:30	13:00-13:30	14:00-14:30	15:00-15:30
采样房间温度/℃						
CO_2 体积浓度/%						
室内基本情况（人数、门窗开启情况）						

2．二氧化碳浓度的计算

$$\rho = 19.6 \times \omega \qquad (2\text{-}20)$$

式中　ρ——标准状态下干排气中二氧化碳质量浓度，g/m^3；

　　　ω——仪器测得的室内空气中二氧化碳体积浓度，%。

3．室内空气中二氧化碳的日变化曲线

根据监测所得的二氧化碳浓度，绘制室内空气中二氧化碳浓度随时间的变化曲线。

七、思考题

1．根据实验结果判断所测区域大气质量的优劣，判断当地大气环境质量标准是否达标？
2．室内空气中二氧化碳的日变化曲线说明什么？

八、实验讨论与小结

实验过程中教室内通风状态和室内上课人数都会影响测定结果。当室内门全部打开时，室内的 CO_2 浓度较低，空气质量较好。当教室内上课人数较多且通风较差时，CO_2 浓度较高，空气质量较差。

九、附录

Telaire-7001 CO_2 浓度监测仪操作方法及 CO_2 标定方法

1．基本操作

（1）按 POWER 键开机，仪器上显示 WARM-UP 和 CO_2 ppm。

（2）在显示前等待 10s。

（3）WARM-UP 自开机后显示 1min，1min 后自动消失。

（4）WARM-UP 消失后，仪器显示 CO_2 和温度测量值。

2．CO_2 标定

Telaire-7001 出厂时已经标定过，也可按以下步骤重新进行标定。

（1）标定过程大约需要 5min。首先打开仪器背面的电池盒盖，以便操作标定功能激活按钮。给仪器装上新电池。

（2）打开仪器电源，并等 WARM-UP 消失。

（3）核对海拔高度是否调整合适。

（4）核对完海拔高度后，按两次 MODE 键，屏幕闪烁显示 CALIBRATION。

（5）按 ENTER 键确认，仪器进入标定模式。

（6）用 △、▽ 键将屏幕第二行显示的数值调整到标准气的数值。准确度为 ±1℃（±2℉）。每按一次 △、▽，数值增减 10ppm（约 10mg/L）。要加快调节速度，按住 △ 或 ▽ 键不动。

（7）将标准气接到仪器的进气口，调节进气流量在50～100mL/min之间，用小改锥按下仪器背面的标定功能激活按钮，并保持5s，直到CALIBRATION闪烁。

（8）按ENTER键开始标定。

（9）屏幕闪烁显示CALIBRATION IN PROGRESS，标定过程大约持续5min，仪器将检测数值标定为第（6）步设定的标准值。标定结束前不能关闭标准气。

（10）标定结束后，屏幕显示不闪烁的CALIBRATION，按ENTER键返回到检测模式。关闭标准气，整个标定过程结束。

实验 2.6　环境空气中臭氧的测定

一、实验目的

1. 了解臭氧污染对大气环境的作用及其根本原因。
2. 掌握用靛蓝二磺酸钠分光光度法测定环境空气中臭氧的原理及方法。
3. 掌握样品采集和样品转移对测定结果的影响因素。

二、实验原理

臭氧（O_3）是大气中一种非常重要的微量气体，具有强氧化作用和强烈的刺激性而损害黏膜，大气中的臭氧是典型的二次污染物，是大气中氮氧化物和碳氢化合物等被太阳照射发生光化学反应而形成的。我国《环境空气质量标准》（GB 3095—2012）和《室内空气质量标准》（GB/T 18883—2002）分别规定了空气中臭氧 1h 平均浓度限值为 $0.2mg/m^3$（二级标准）和 $0.16mg/m^3$。2012 年 3 月国家发布的新空气质量评价标准（AQI）中，臭氧浓度就是六项评价标准之一。

环境空气中臭氧的测定方法主要有靛蓝二磺酸钠分光光度法、硼酸碘化钾分光光度法、紫外分光光度法和化学发光法。其中前两者为手动监测，后两者多用于自动监测。其中，靛蓝二磺酸钠分光光度法（HJ 504—2009）使用的试剂和设备简单普遍，所以该方法使用得最多。

靛蓝二磺酸钠分光光度法测定臭氧适用于环境空气中臭氧的瞬时测定，也适用于环境空气中臭氧的连续监测。这种方法的测定原理是：空气中的臭氧在磷酸盐缓冲溶液存在的条件下，与吸收液中蓝色的靛蓝二磺酸钠发生等物质的量反应，使蓝色的靛蓝二磺酸钠褪色，生成无色的靛红二磺酸钠。蓝色的靛蓝二磺酸钠的特征吸收光谱在 610nm 处，根据吸收光谱的强度变化表征蓝色减退的程度，从而比色定量测定空气中臭氧的浓度值。

该方法适用于环境空气中臭氧的测定，对于如室内、车内封闭环境空气中臭氧的测定也可参照该方法，但是需要注意当采样体积为 30L 时，该方法测定空气中臭氧的检出限为 $0.010mg/m^3$，测定下限为 $0.040mg/m^3$。

三、实验仪器与试剂

1. 仪器

（1）空气采样器（流量范围 0～1.0L/min）。
（2）多孔玻板吸收管、玻璃尖嘴、10 mL 具塞比色皿。
（3）生化培养箱（或恒温水浴，温控精度为 ±1℃），水银温度计（精度为 ±0.5℃），分光光度计。

（4）臭氧发生器。

（5）一级紫外臭氧分析仪。

2．试剂

（1）溴酸钾标准贮备溶液 [$c(1/6KBrO_3)$=0.1000mol/L]：准确称取 1.3918g 溴酸钾（优级纯，使用前于 180℃烘 2h），置于烧杯中，加入少量水溶解，移入 500mL 容量瓶中，用水稀释至标线。

（2）溴酸钾-溴化钾标准溶液 [$c(1/6KBrO_5)$=0.0100mol/L]：吸取 10.00mL 溴酸钾标准贮备溶液于 100mL 容量瓶中，加入 1.0g 溴化钾（KBr）用水稀释至标线。

（3）硫代硫酸钠标准贮备溶液 [$c(Na_2S_2O_3)$=0.1000mol/L]：准确称取 2.4819g 硫代硫酸钠（优级纯）置于烧杯中，加入少量水溶解，移入 100mL 容量瓶中，用水稀释至标线。

（4）硫代硫酸钠标准工作溶液 [$c(Na_2S_2O_3)$=0.00500mol/L]：临用前，取硫代硫酸钠标准贮备溶液用新煮沸并冷却到室温的水准确稀释 20 倍，摇匀，即得。

（5）硫酸溶液：体积比 1∶6。

（6）淀粉指示剂溶液 [ρ=2.0g/L]：称取 0.20g 可溶性淀粉，用少量水调成糊状，慢慢倒入 100 mL 沸水，煮沸至溶液澄清。

（7）磷酸盐缓冲溶液 [$c(KH_2PO_4-Na_2HPO_4)$=0.050mol/L]：称取 6.8g 磷酸二氢钾（KH_2PO_4）、7.1g 无水磷酸氢二钠（Na_2HPO_4）倒入并溶于玻璃烧杯中，移入 1000mL 容量瓶中，稀释至标线。

（8）靛蓝二磺酸钠（$C_{16}H_8O_8Na_2S_2$，简称 IDS）：分析纯。

（9）IDS 标准贮备溶液：称取 0.25g 靛蓝二磺酸钠溶于水，移入 500mL 棕色容量瓶内，用水稀释至标线，摇匀，在室温暗处存放 24h 后标定。此溶液在 20℃以下暗处存放可稳定两周。

标定方法：准确吸取 20.00mL IDS 标准贮备溶液于 250mL 碘量瓶中，加入 20.00mL 溴酸钾-溴化钾标准溶液，再加入 50mL 水，盖好瓶塞，在 16℃±1℃生化培养箱（或水浴）中放置至溶液温度与水浴温度平衡时加入 5.0mL 硫酸溶液，立即盖塞、混匀并开始计时，于 16℃±1℃暗处放置 35min±1.0min 后，加入 1.0g 碘化钾，立即盖塞，轻轻摇匀至溶解，暗处放置 5min，用硫代硫酸钠标准工作溶液滴定至棕色刚好褪去呈淡黄色，加入 5mL 淀粉指示剂，继续滴定至蓝色褪去，终点为亮黄色。记录所消耗的硫代硫酸钠标准工作溶液的体积。标定过程请注意两点：一是，达到平衡的时间与温差有关，可以预先用相同体积的水代替溶液，加入碘量瓶中，放入温度计观察达到平衡所需要的时间；二是，平行滴定所消耗的硫代硫酸钠标准工作溶液体积不应大于 0.10mL。每毫升靛蓝二磺酸钠溶液相当于臭氧的质量浓度 ρ（μg/mL）由下式计算：

$$\rho = \frac{c_1V_1 - c_2V_2}{V} \times 12.00 \times 10^3 \tag{2-21}$$

式中　ρ——每毫升靛蓝二磺酸钠溶液相当于臭氧的质量浓度，μg/mL；

c_1——溴酸钾-溴化钾标准溶液的浓度，mol/L；

V_1——加入溴酸钾-溴化钾标准溶液的体积，mL；

c_2——滴定时所用硫代硫酸钠标准工作溶液的浓度，mol/L；

V_2——滴定时所用硫代硫酸钠标准工作溶液的体积，mL；

V——IDS 标准贮备溶液的体积，mL；

12.00——臭氧的摩尔质量，g/mol。

（10）IDS 标准工作溶液：将标定后的 IDS 标准贮备溶液用磷酸盐缓冲液逐级稀释成每毫升相当于 1.00μg 臭氧的 IDS 标准工作溶液，此溶液于 20℃ 以下暗处存放可稳定一周。

（11）IDS 吸收液：取适量 IDS 标准贮备溶液根据空气中臭氧浓度的高低，用磷酸盐缓冲液稀释成每毫升相当于 2.5μg（或 5.0μg）臭氧的 IDS 吸收液，此溶液于 20℃ 以下暗处可保存一个月。

四、实验操作步骤

1．制取现场空白样品

量取配制的 IDS 吸收液 10.00mL±0.02mL 装入多孔玻板吸收管中，罩上黑色避光套带到采样现场。除不采集空气样品外，其他环境条件保持与采集空气的采样管相同。注意，每批样品至少带两个现场空白样品。

2．采集空气样品

用内装 10.00mL±0.02mL IDS 吸收液的多孔玻板吸收管，罩上黑色避光套，以 0.5L/min 流量采气 5~30L。当吸收液褪色约 60% 时（与现场空白样品比较），应立即停止采样。样品在运输及存放过程中应严格避光。当确信空气中臭氧的浓度较低、不会穿透时，可以用棕色玻板吸收管采样。样品于室温暗处存放至少可稳定 3 天。

3．绘制标准曲线

（1）取 10mL 具塞比色管 6 支，按表 2-9 制备标准系列。

表 2-9 标准曲线绘制所需配制的标准系列

管号	1	2	3	4	5	6
IDS 标准工作溶液/mL	10.00	8.00	6.00	4.00	2.00	0.00
磷酸盐缓冲溶液/mL	0.00	2.00	4.00	6.00	8.00	10.00
臭氧浓度/（μg/mL）	0.00	0.20	0.40	0.60	0.80	1.00

（2）摇匀上列各管，用 20mm 比色皿，以水作参比，在 610nm 波长下测量吸光度。以臭氧浓度为横坐标，以零浓度管的吸光度（A_0）与各标准色列管的吸光度（A）之差为纵坐标，用最小二乘法计算标准曲线的回归方程：

$$y = ax + b \tag{2-22}$$

式中 y——A_0-A，空白样品的吸光度与各标准系列管的吸光度之差；

x——臭氧浓度，μg/mL；

a——回归方程的斜率，吸光度·mL/μg；

b——回归方程的截距。

4．测定空白样品和采集样品

采样后，在吸收管的入气口端串接一个玻璃尖嘴，在吸收管的出气口端用吸耳球加压将吸收管中的样品溶液移入 25mL 容量瓶中，用水多次洗涤吸收管，使总体积为 25.0mL。用 20mm 比色皿，以水作参比，在 610nm 波长下测量吸光度。

五、注意事项

1. 空气中的二氧化氮可使臭氧的测定结果偏高,约为二氧化氮质量浓度的6%。
2. 空气中二氧化硫、硫化氢、过氧乙酰硝酸酯(PAN)和氟化氢的浓度分别高于750μg/m³、110μg/m³、1800μg/m³和2.5μg/m³时,干扰臭氧的测定。
3. IDS作为标准溶液使用时必须进行标定。
4. 为了避免副反应使反应定量进行,必须严格控制培养箱(或水浴)温度(16℃±1℃)和反应时间(35min±1.0min)。一定要等到溶液温度与培养箱(或水浴)温度达到平衡时再加入硫酸溶液,加入硫酸溶液后应立即盖塞,并开始计时。滴定过程中应避免阳光照射。
5. 吸收液的体积直接影响测量的准确度,装入采样管中吸收液的体积必须准确,最好用移液管加入。
6. 采样后向容量瓶中转移吸收液应尽量完全(少量多次冲洗)。
7. 装有吸收液的采样管,在运输、保存和取放过程中应防止倾斜或倒置,避免吸收液损失。

六、数据记录与处理

1. 绘制标准曲线

将标准曲线绘制过程中的实验数据记录于表2-10。

表2-10 标准曲线绘制数据记录表

管号	1	2	3	4	5	6
吸光度(A)	A_0					
ΔA(A_0-A)	—					

2. 空白样品和采集样品测定记录表

将空白样品和采集样品测定结果记录于表2-11。

表2-11 样品测定记录表

样品号	1	2	3	4	5
空白样的吸光度					
采集样的吸光度 A''					
空白样吸光度的平均值 $\overline{A}_0$					
采集样的臭氧浓度 c/(mg/m³)					
采集样的臭氧浓度平均值/(mg/m³)					

3. 按照下式计算环境空气中臭氧的浓度:

$$c(O_3) = \frac{(\overline{A}_0 - A'' - b') \times V}{a' \times V_r} \tag{2-23}$$

式中　$c(O_3)$——空气中臭氧的浓度，mg/m³；
　　　$\overline{A}_0$——现场空白样品吸光度的平均值；
　　　A''——采集样品的吸光度；
　　　a'——标准曲线的斜率；
　　　b'——标准曲线的截距；
　　　V——采集样品溶液的总体积，mL；
　　　V_r——换算为参比状态（101.325kPa、273K）的采样体积，L。

所得结果表示至小数点后 3 位。

七、思考题

1. 大气中的臭氧主要分布在大气层中的哪个层？具有什么作用？
2. 环境空气中臭氧测定的方法有哪些？
3. 为什么要绘制标准曲线？
4. 测定过程中应该注意哪些操作步骤？

八、实验讨论与小结

实验过程中存在的影响结果准确度的因素主要有 IDS 标准贮备溶液标定的温度和时间，IDS 吸收液褪色约 60%的判定，IDS 吸收液的装入以及吸收管中样品溶液转移等操作，要注意严格控制。空气中氯气、二氧化氯的存在使臭氧的测定结果偏高，但在一般情况下，这些气体的浓度很低，不会造成显著误差。

九、附录

靛蓝二磺酸钠分光光度法测定 O_3 的可行性

臭氧是环境及公共场所空气中常见的污染物。对环境空气中臭氧污染水平的检测以及消毒效果的评价有着重要的意义。

常用的测定方法有丁子香酚-甲醛比色法、硼酸碘化钾法、改进的中性碘化钾法等。丁子香酚-甲醛比色法的灵敏度较低，其检测结果平均值比中性碘化钾法约低 1.54 倍，硼酸碘化钾法现场测定时存在碘的挥发和氮氧化物、二氧化硫气体干扰。改进的中性碘化钾法操作步骤繁琐，抗干扰性差，存在一定不足之处。

现今采用靛蓝二磺酸钠分光光度法测定环境及公共场所空气中臭氧。此方法是根据"全国卫生系统环境空气质量卫生标准方法第十一次科研协作会议"推荐提出的。

为探讨该方法的可行性和实用性，过往研究采用此方法测定了空调机房、实验室、走廊、紫外灯消毒间、复印机室、臭氧发生器、臭氧净化消毒器等环境空气及公共场所中臭氧的含量。采样体积为 20L 时，其最低检测浓度为 0.015mg/m³，测定范围在 0.14～10.0μg/10mL。当臭氧含量在 2.0～10.0μg/1mL 时，相对标准偏差为 1.0%～3.9%，平均相对标准偏差为 2.4%，回收率为 95%～104%，平均回收率为 98.8%。用靛蓝二磺酸钠分光光度法测定环境空气及公共场所中的臭氧，选择性好，有较好的精密度、准确度。吸收液稳定，操作简便，干扰少。空气中常见的共存物对测定不产生干扰。此方法为环境卫生及公共场所空气中臭氧的监测提供了准确可靠的结果。

第 3 章
声环境质量监测

实验 3.1 环境噪声监测

一、实验目的

1. 掌握声级计的使用方法和环境噪声的监测方法。
2. 学会用统计方法处理数据。
3. 了解噪声测量仪的工作原理。

二、实验原理

声音的声压由传声器的膜片接收后,将声音信号转换成电信号,经前置放大器作阻抗变换后送到输入衰减器。由于表头指示范围一般只有 20dB,而声音变化范围可达 140dB,甚至更高,所以必须使用输出衰减器来衰减较强的信号,再由输入放大器进行定量放大。放大后的信号由计权网络进行计权,而计权网络的设计是模拟人耳对不同频率声音有不同灵敏度的听觉响应。在计权网络处可外接滤波器,这样可作频谱分析。输出的信号由输出衰减器衰减到额定值,随即送到输出放大器放大,使信号达到相应的输出功率,输出信号经 RMS 检波器(均方根检波电路)检波后输出有效值电压,推动电表或数字显示器,显示所测的声压级。

三、实验仪器

1. 仪器

PSJ-2 型声级计或其他普通声级计(使用方法参看本实验附录)。

2. 天气条件

要求在无雨、无雪的时间,声级计应保持传声器膜片清洁,风力在三级以上必须加风罩(以避免风噪声干扰),五级以上大风应停止测量。

四、实验操作步骤

(1)将测定区域划分为 25m×25m 的网格,测量点选在每个网格的中心,若中心点的位置不宜测量,可移到旁边能够测量的位置。

(2)每组三人配置一台声级计,按顺序到各网点测量,时间从 8:00～17:00,每一个网格至少测量 4 次,时间间隔尽可能相同。手持仪器测量,传声器要求距地面高 1.2m。

(3)读数方式用慢挡,每隔 5s 读一个瞬时 A 声级。连续读取 100 个数据。读数同时要判断和记录附近主要噪声来源（如交通噪声、施工噪声、车间噪声、锅炉噪声等）和天气条件。

五、数据记录与处理

环境噪声是随时间而起伏的无规律噪声，因此测量结果一般用统计值或等效声级来表示，本实验用等效声级表示。

将各网点每一次的测量数据（100个）按由大到小的顺序找出 L_{10}（平均峰值）、L_{50}（平均值）、L_{90}（背景值），求出等效声级 L_{eq}。再将该网点一整天的各次 L 值求出算术平均值，作为该网点的环境噪声评价量。

计算公式如下：

$$L_{eq} = L_{50} + \frac{(L_{10} - L_{90})^2}{60} \tag{3-1}$$

以 5dB 为一等级，用不同颜色或阴影线绘制学校（或某一区域）噪声污染图（可参考表 3-1）。

表 3-1 噪声污染图绘制参照表

噪声带/dB	颜色	阴影线
35	浅绿色	小点，低密度
36~40	绿色	中点，中密度
41~45	深绿色	大点，高密度
46~50	黄色	垂直线，低密度
51~55	褐色	垂直线，中密度
56~60	橙色	垂直线，高密度
61~65	朱红色	交叉线，低密度
66~70	洋红色	交叉线，中密度
71~75	紫红色	交叉线，高密度
75~80	蓝色	宽条垂直线
81~85	深蓝色	全黑

六、注意事项

1. 正确使用声级计。
2. 测量前应仔细校准声级计。
3. 选择测定地点时，要把传声器放在远离反声物的地方。
4. 现场测量时应注意减少和避免其他环境因素（强气流、电磁场、高温、高湿）的干扰。
5. 测量点应在网格中心，若中心不宜测量（如有建筑物等），则应将中心点移到最近可测量位置进行测量。

七、思考题

1. 为什么噪声测量时传声器要对准声源方向？
2. 声级计由哪几部分构成？

3. 根据所测数据分析，学校噪声是否符合声环境功能区的标准，属于第几类声环境功能区。

八、实验讨论与小结

学校噪声的来源相对比较简单，但是影响因素较多，如课间学生的活动、课间铃声以及道路上车辆经过减速带的声音等，都会对监测结果分析产生影响。

九、附录

PSJ-2 型声级计使用方法

1. 按下电源按键"ON"，接通电源，预热半分钟，使整机进入稳定的工作状态。

2. 电池校准：分贝拨盘可在任意位置，按下电池"BAT"按键，当表针指示超过表面所标的"BAT"刻度时，表示机内电池电能充足，整机可正常工作，否则需要更换电池。

3. 整机灵敏度校准：先将分贝拨盘于90dB位置，然后按下校准"CAL"和"A"（或"C"按键），这时指针应有指示，将起子放入灵敏校正孔进行调节，使表针指在"CAL"刻度上，此时整机灵敏度正常，可进行测量。

4. 分贝（dB）拨盘的使用与读数法：转动分贝拨盘选择测量量程，读数时应将量程数加上表针指示数，如当分贝拨盘（dB）选择在90挡，表针指示在4dB时，则实际读数为90dB+4dB=94dB；若指针指示为–5dB时，则读数应为90dB–5dB=85dB。

5. "+10dB"按钮的使用：在测试中当有瞬时大讯号出现时，为了能快速正确地进行读数，可按下"+10dB"按钮，此时应按分贝拨盘和表针指示的读数再加上10dB作读数。如再按下"+10dB"按钮后，表针指示仍超过满度，则应将分贝拨盘转动至更高一挡再进行读数。

6. 表面刻度：有0.5dB与1dB两种分度刻度。0刻度以上指示为正值，长刻度为1dB的分度。短刻度为0.5dB的分度；0刻度以下为负值，长刻度为5dB的分度，短刻度为1dB的分度。

7. 计权网络：本机的计权网络有A、C两挡。当按下A或C时，则表示测量的计权网络为A或C。当不按按键时，整机不反应测试结果。

8. 表头阻尼开关：当开关处于"P"位置时，表示表头为"快"的阻尼状态；开关在"S"位置时，表示表头为"慢"的阻尼状态。

9. 输出插口：可将测出的电信号送至示波器，记录仪等仪器。

实验 3.2　道路交通声环境监测实验

一、实验目的

1．掌握噪声监测方法。
2．熟悉声级计的使用。
3．学会对非稳态无规噪声监测数据的处理方法。

二、实验原理

环境噪声的大小，不仅与噪声的物理量有关，还与人对声音的主观感觉有关。声压级相同而频率不同的声音，听起来不一样响，高频的声音比低频声音响，这是由人耳听觉特性决定的。

由于环境交通噪声是随时间而起伏的无规则噪声，因此测量结果一般用统计值或等效声级来表示。等效声级指在声场中的某个位置上，用某一段时间内能量平均的方法，将间歇暴露的几个不同噪声，用 A 计权声级来表示该段时间的噪声大小。如果噪声是稳态的，等效声级就是该噪声的 A 计权声级。A 计权声级能够较好反映人耳对噪声的强度与频率的主观感受，对一个连续的稳态噪声，它是一种较好的评价方法，但对一个起伏的或不连续的噪声，A 计权声级就不合适了，这时便提出一个用噪声能量按时间平均方法来评价噪声对人的影响，即等效连续声级。它是一个用来表达随时间变化的噪声的等效量，用平均声能来描述瞬时变化的声能。

道路交通噪声强度等级划分如表 3-2 所示。

表 3-2　道路交通噪声强度等级划分

等级	一级	二级	三级	四级	五级
昼间等效声级/dB	≤68.0	68.1～70.0	70.1～72.0	72.1～74.0	>74.0
夜间等效声级/dB	≤58.0	58.1～60.0	60.1～62.0	62.1～64.0	>64.0

道路等效声级计算公式：

$$L = \frac{1}{l}\sum_{i=1}^{n}(l_i \times L_i) \quad (3\text{-}2)$$

式中　L——道路等效声效；

　　　l——监测路段路总长度，km；

　　　l_i——第 i 个测点对应的道路长度，km；

　　　L_i——第 i 个测点对应道路的等效声级。

三、实验仪器

声级计、计时器。

四、实验操作步骤

（1）仪器检查：声级计为积分平均声级计，精度为 2 型或 2 型以上。需定期校验。测量前后使用声校准器校准，示值偏差≤0.5dB。

（2）天气条件：无雨无雪风速 5.5m/s 以下。

（3）声级计的操作：距地面垂直距离大于 1.2m，传声器离人 0.5m 以上。

（4）测量地点选择。

（5）测量方法：①每四人配一台声级计，分别进行看时间、读数、记录和监视车辆；②读数方式采用慢挡，每隔 5s 读一个瞬时 A 声级，连续读取 200 个数据（大约 17min），同时记下车流量。

五、注意事项

1．使用声级计前应先阅读说明书，了解仪器的使用方法与注意事项。

2．仪器应避免放置于高温、潮湿、有污水、灰尘，以及含盐酸、碱成分高的空气或化学气体的地方。

3．安装电池或外接电源时注意极性，切勿反接。长期不用应取下电池，以免漏液损坏仪器。

4．在使用过程中，液晶中出现欠压告警，应及时更换电池。

5．声级计测量前，可先开机预热 2min，潮湿天预热 5~10min。

六、数据记录与处理

将道路交通声环境监测点位记录于表 3-3 中，各监测点声环境监测数据记录于表 3-4。

表 3-3 道路交通声环境监测点位

城市		时间		监测站名			
监测点	参照物	路段名称	路段		道路		
			起点	止点	长度	宽度	
负责人				日期			

表 3-4 道路声环境监测记录表

监测站名			仪器		气象条件					
监测点	时间	L_{eq}	L_{10}	L_{50}	L_{90}	L_{max}	L_{min}	车流量/（辆/min）	
								大型车	中小型车
负责人					日期					

统计声级的计算：将所测得的 200 个数据从大到小排列，找出第 10%个数据即为 L_{10}，第 50%个数据为 L_{50}，第 90%个数据为 L_{90}。即将 200 个数据按从大到小的顺序排列，第 20 个数据即为 L_{10}，第 100 个数据即为 L_{50}，第 180 个数据即为 L_{90}。

七、思考题

1. 如何确定噪声监测点位？
2. 在无机动车辆通过时，监测点处的本底噪声约为多少？

八、实验讨论与小结

道路交通噪声影响因素较多，邻近公路车流量越高，噪声越大；主干道肯定会比在小区、市政路段的噪声多。邻近公路车速越高的道路，噪声越大。重型车辆比例越高的道路，噪声越大，如货柜车（集装箱车辆）。公路路面质量越低的道路，噪声越大。同样的路面质量，有减速带的道路也会比没有减速带的噪声大。离公路越近的道路，噪声越大。同一辆重型货车经过时，离公路 10m 位置的高 5.5m 的住宅（平面直线距离）衰减 0.3dB，30m 衰减 4dB，50m 衰减 6dB，100m 衰减 8.9dB。离公路同一距离，普通住宅楼层越高的，噪声越大。有道路隔音屏障的，要比没有隔音屏障的轻。有建筑体阻隔的要比没有的影响轻。对最后监测结果的分析，需要检验实验数据的精确性与准确度及其数据的可靠性。

九、附录

等效声级与平均声级的对比

等效声级（L_{eq}）是一种稳态声级，它的声能等于涨落的噪声在相同时间的声能。也就是说，它是用平均声能来描述瞬时变化的声能。

平均声级是各瞬时变化的声能几何平均后的平均声能的 A 声级，也就是各瞬时 A 声级的算术平均。平均声级代表了各瞬时声级的集中趋势，但是其声能与各瞬时的噪声在相同时间内的声能并不等效。

如果声级幅度比较小，等效声级与平均声级的差异不明显，但是随着声级幅度的提高，两者的差异就越来越明显，甚至可相差几十分贝。在声级幅度较大的情况下，尽管低声级的频次占绝大部分，其声压与频次的乘积，与高声级的声压与频次的乘积所占的比例相比是微小的。因此，在等效声级中起主要作用的是高声级的影响，而平均声级应该体现声能的集中趋势，而不是声能的等效，所以等效声级代替平均声级是不适宜的。

实验 3.3　金属压力容器腐蚀缺陷声发射检测

一、实验目的

1. 熟悉声发射检测仪的使用方法。
2. 了解金属压力容器声发射检测标准。
3. 掌握金属压力容器的检测流程。
4. 学会通过本实验来评价金属压力容器的完整性。

二、实验原理

材料中局域源快速释放能量产生瞬态弹性波的现象称为声发射（acoustic emission，AE）。声发射是一种常见的物理现象，大多数材料变形和断裂时有声发射发生，但许多材料的声发射信号强度很弱，人耳不能直接听见，需要借助灵敏的电子仪器才能检测出来，用仪器探测、记录、分析声发射信号和利用声发射信号推断声发射源的技术称为声发射技术。

在金属压力容器升压过程中，金属压力容器表面和内部缺陷（被腐蚀的地方）产生的声发射源比较活跃，并产生大量的声发射信号。在被检容器表面布置声发射传感器，接收来自活跃缺陷部位的声波并转换成电信号，经过声发射仪系统的鉴别、处理、显示、记录和分析声发射源的位置及声发射特性参数并根据相关标准评价金属压力容器的完整性。

三、实验仪器

PAC 公司多通道声发射检测仪一台、声发射传感器、稳压电源一台、声发射信号传输线、铅笔、耦合剂及传感器固定用具。

四、实验操作步骤

（1）校准：用模拟源校准检测灵敏度。采用直径 0.5mm、硬度为 HB 的铅笔芯折断信号作为模拟源。铅芯伸出长度约为 2.5mm，与容器表面夹角为 30°左右。其响应幅度值应取三次以上响应平均值。

（2）时间参数的设置：用断铅实验来测定实际的峰值鉴别时间（PDT）、撞击鉴别时间（HDT）、撞击闭锁时间。

（3）门槛值的确定：用逐步提高门槛值的方法来确定实际测量中的门槛值。

（4）根据压力容器的形状布置传感器阵列。

（5）对压力容器进行加压。根据有关规范确定最高实验压力和加压程序。升压速度一般不应大于 0.5MPa/min。保压时间一般应不小于 10min。

（6）数据的采集与记录。

五、注意事项

1. 前置放大器有输入（input）和输出（output）之分，切勿接反，以免损坏。
2. 不同型号传感器的使用温度不同，使用前要充分了解被测物体的表面温度，以免过高温或过低温损坏传感器。
3. 安装传感器到被检测构件上时，一定要涂适量的耦合剂，耦合剂不要太厚，涂抹均匀，没有气泡和夹杂物即可。

六、数据记录与处理

将本实验数据记录于表 3-5 中。

表 3-5 实验数据记录表

检测频率/kHz		仪器编号		传感器型号	
固定方式		耦合剂		门槛值/dB	
断铅幅度值/dB					
1	2	3	4	5	平均值
峰值鉴别时间		撞击鉴别时间		撞击闭锁时间	
升压过程记载					
序号	时间	压力	声发射数据	序号	时间	压力	声发射数据
1				6			
2				7			
3				8			
4				9			
5				10			

七、思考题

1. 声发射检测系统一般由哪几部分组成？各个部分的功能是什么？
2. 声发射传感器的分布对金属压力容器缺陷检测精度有无影响？

八、实验讨论与小结

腐蚀过程中声发射信号比较微弱，容易受到干扰，会造成较大误差。

九、附录

声发射检测系统的构成

1. 传感器

传感器是声发射检测系统的重要部分,是影响系统整体性能的重要因素。传感器选择不合理,会使接收到的信号和实际的声发射信号有较大差别,直接影响采集数据的真实度和数据处理结果。

2. 前置放大器

传感器输出的电压信号有时低至微伏数量级,这样微弱的信号,若经过长距离的传输,信噪比必然要降低。靠近传感器设置前置放大器,将信号提高到一定程度,再经过信号电缆传输给信号处理单元。前置放大器的主要技术指标是放大倍数、通频带和输入噪声电压。前置放大器也可与传感器组成一体,即将前置放大器置于传感器外壳内,通常需要设计体积小的前置放大器电路。

3. 信号电缆

从前置放大器到声发射检测仪主体,往往需要很长的信号传输线,通常采用信号电缆实现信号传输。信号电缆包括同轴电缆、双绞电缆和光导纤维电缆。同轴电缆一般应用不超过100m;光导纤维电缆一般用于传输距离大于100m 的声发射应用;双绞电缆用于前端数字化的声发射系统。

4. 多通道声发射系统

多通道声发射系统一般是由 PCI-8 卡或 PCI-2 卡组成的。这两种卡均采用 PCI 总线技术,由先进的表面封装设备制造的多层、高密度 PC 卡。PCI-8 卡是第三代全数字化系统的核心,在一块板卡上具有 8 个通道的实时声发射特征参数提取和波形采集和处理的能力,是目前集成化更高、价格更低的系统,非常适合与压力容器检测、桥梁监测等工程应用。

5. 检测仪器的选择与校准

(1)检测仪器的选择:在进行声发射试验或检测前,需要根据被检测对象来选择检测仪器,根据被检测对象的大小和形状、声发射源出现的部位和特征不同,选用检测仪器的通道数量。声发射信号的频域、幅度等特性随材料类型不同也有很大不同,因此,对不同材料需考虑不同的工作频率。

(2)现场声发射检测仪器的校准:通过直接在被检测构件上发射声发射模拟信号来进行校准。灵敏度校准的目的是确认传感器的耦合质量和检测电路的连续性。源定位校准的目的是确定定位源的唯一性和实际模拟声发射源发射部位的对应性。

第 4 章
固体材料监测实验

实验 4.1 固体废物的采样与制样

一、实验目的

1. 了解固体废物采样和制样的目的与意义。
2. 掌握固体废物的采样、制样的基本方法。
3. 分析固体废物的性质，学会制定采样和制样方案。

二、实验原理

1. 采样方法

固体废物的采样方法主要分为简单随机采样法、系统采样法、分层采样法、两段采样法四种。

（1）简单随机采样法：当对一批废物了解很少，且采样的份样比较分散也不影响分析结果时，对其不做任何处理，不进行分类也不进行排队，而是按照其原来的状况从中随机采取份样。

（2）系统采样法：在一批废物以运输带、管道等形式连续排放移动的过程中，按一定的质量或时间间隔采取份样，份样间的间隔按下式计算：

$$T \leqslant Q/n \text{ 或 } T' \leqslant 60Q/Gn \tag{4-1}$$

式中　T——采样质量间隔，t；

　　　T'——采样时间间隔，min；

　　　Q——批量，t；

　　　n——份样数；

　　　G——每小时排出的量，t/h。

采第一份样时，不准在第一间隔的起点开始，可在第一间隔内任意确定。

（3）分层采样法：一批废物分次排出或某生产工艺过程的废物间歇排出过程中，可分 n 层采样，根据每层的质量，按比例采取份样。第 i 层采样份数按下式计算：

$$n_i = nQ_i/Q \tag{4-2}$$

式中　n_i——第 i 层采样份数；

　　　n——份样数；

　　　Q_i——第 i 层废物质量；

　　　Q——批量。

（4）两段采样法：简单随机采样法、系统采样法、分层采样法都是一次就直接从批废物中采取份样，称为单阶段采样。当一批废物由许多车、桶、箱、袋等容器盛装时，由于各容器件比较分散，所以要分阶段采样。首先从批废物总容器件数 N_0 中随机抽取 N_1 件容器，然后再从 N_1 件的每一个容器中采 N_2 个份样。

推荐当 $N_0 \leqslant 6$ 时，取 $N_1=N_0$；当 $N_0 > 6$ 时，按式（4-3）计算：

$$N_1 \geqslant 3N_0^{\frac{1}{3}}（小数进整数） \tag{4-3}$$

推荐第二阶段的采样数 $N_2 \geqslant 3$，即 N_1 件容器中的每个容器均随机采上中下最少 3 个份样。上部可按表面下相当于总体积的 1/6 深处，中部为表面下相当于总体积的 1/2 深处，下部为表面下相当于总体积的 5/6 深处确定采样点（采样位置）。根据采样方式（简单随机采样、分层采样、系统采样、两段采样等）确定采样点（采样位置）。

2．采样操作方法

（1）件装容器采样

① 袋装块、粒状废物：将盛装废物的袋子倾斜 45°角并打开袋口，用长铲式采样器从袋中心处插入至袋底后抽出，所采取的废物样品作为 1 个样品。

② 桶（箱）装废物：打开桶（箱）盖子，根据废物颗粒直径大小选择采样器，分层采取废物样品。分层的方法和每层采取的份样品量可参照表 4-1。

表 4-1　小于 $3m^3$ 的固废箱（桶）的采样位置

按容器直径计算所装垃圾的高度/%	按容器直径计算所装垃圾的间隔高度/%			按混合样品的总体积计算各层份样的体积/%		
	上层	中层	下层	上层	中层	下层
100	80	50	20	30	40	30
90	75	50	20	30	40	30
80	70	50	20	20	50	30
70		50	20		60	40
60		50	20		50	50
50		40	20		40	60
40			20			100
30			15			100
20			10			100
10			5			100

（2）散状堆积废物采样

① 堆积高度小于 0.5m 独立散状堆积废物：将废物堆摊平成 10cm 左右厚度的矩形后，等面积划分出设定样品数 5 倍数的网格，按顺序编号，用随机数表抽取设定样品数的网格作为采样单元，在网格中心位置处用采样铲或锹垂直采取全层厚度的废物，一个网格采取的废物作为 1 个样品。

② 数个连在一起的散状堆积废物：首先选择最新堆积的废物堆，用系统随机采样法采样。当无法判断堆积时间时，用抽签方法抽取若干废物堆，对各堆用系统随机采样法采样，每堆各点来取的份样品等量（体积或质量）混合后组成 1 个样品。当堆积高度在 0.5~1.5m 时，在废物堆距地面的 1/3 和 2/3 高度处垂直于中轴各设一个横截面，以上下截面份样品数之比为 3：5 的比例分配份样品数，每堆采取的份样品数不少于 8 个；当堆积高度在 1.5m 以上时，在废物堆距地面 1/3、1/2 和 2/3 高度处垂直于中轴各设一个横截面，以上下截面份样品数之比为

3∶5∶7的比例分配份样品数,每堆采取的份样品数不少于15个。采样时,量出各横截面的周长以单位长度作为一个采样单元,随机抽取第一个采样单元后等长度间隔确定其他采样单元,用适宜的采样器垂直于中轴插入,采取距表面不同深度的废物作为样品。

3．份样数的确定

份样数是指由一批固体废物中的一个点或一个部位按规定量取出的样品个数。可由公式法或查表法确定。当份样间的标准偏差和允许误差已知时,可按下列公式计算份样数:

$$n \geqslant (ts/\Delta)^{\frac{1}{2}} \tag{4-4}$$

式中　n——必要的份样数;
　　　s——份样间的标准偏差;
　　　Δ——采样允许误差;
　　　t——选定置信水平下的概率度。

取 $n\to\infty$ 时的 t 值作为最初的 t 值,以此算出 n 的初值。将对应于 n 初值的 t 值代入,不断迭代,直至算出的 n 值不变,此值即为必要的份样数。当份样间的标准偏差与允许误差未知时,可按表4-2～表4-4经验确定份样数。

表4-2　批量大小与最少份样数（单位:固体为t;液体为1000L）

批量大小	最少样品数	批量大小	最少样品数
<1	5	≥100	30
≥1	10	≥500	40
≥5	15	≥1000	50
≥30	20	≥5000	60
≥50	25	≥10000	80

注:摘自《工业固体废物采样制样技术规范》（HJ/T20—1998）。

表4-3　贮存容器数量与最小份样数

容器数量	最少份样个数	容器数量	最少份样个数
1～3	所有	344～517	7～8
4～64	4～5	730～1000	8～9
65～125	5～6	1001～1331	9～10
217～343	6～7		

表4-4　人口数量与生活垃圾分析用量最少份样数

人口数量/万人	<50	50～100	100～200	>200
最少份样数	8	16	20	30

4．量的确定

采样误差与样品的颗粒分布、样品中各组分的构成比例以及组分含量有关。因此,当废物组分单一、颗粒分布均匀、污染物成分变化不大时,样品量的大小对采样误差影响不大;反之,则样品量的大小将明显影响采样的精密度。随着样品量的增加,采样误差也随之降低。当样品数相同,样品量的增加也不是无限度的,否则将给下一步的制样造成负担。样品量的大小主要取决于废物颗粒的粒径上限，废物颗粒越大，均匀性越差，要求样品量也应越大。在采样计划的设计过程中，可根据缩分公式（4-5）计算求得最小样品量。

$$Q = K \cdot \propto^d \tag{4-5}$$

式中　Q——应采取的最小样品量，kg；

　　　d——废物最大颗粒直径，mm；

　　　K——缩分系数，废物越不均匀，K 值越大，一般取 K=0.06；

　　　$\propto$——经验常数，随废物均匀程度和易破碎程度决定，一般取 $\propto$=1。

对于液态批废物的份样量以不小于 100mL 的采样瓶（或采样器）所盛量为宜。

5．制样技术

固体废物的制样技术主要有干燥、粉碎、筛分、混合、缩分五个步骤。

（1）干燥：干燥的目的是使样品能够较容易制备。将采取的样品均匀平铺在洁净、干燥的搪瓷盘中，置于清洁、阴凉、干燥、通风的房间内自然干燥。当房间内晾晒有多个样品时，可用大张干净滤纸盖在搪瓷盘表面遮挡灰尘，以避免样品受外界环境污染和交叉污染。对颗粒较细的样品（如污泥），在干燥过程中应经常用玛瑙锤或木棒等翻搅和敲打，以防止干燥后结块。

（2）粉碎：破碎和研磨是为了减小样品的粒度。粉碎可用机械或手工完成。将干燥后的样品根据其硬度和粒径大小，采用适宜的破碎机、粉碎机、研磨机和乳钵等粉碎至所要求的粒度。样品粉碎可一次完成，也可以分段完成。在每粉碎一个样品前，应将粉碎机械或工具清扫擦拭干净。

（3）筛分：筛分主要为了使样品保证 95%以上处于某一粒度范围。根据样品的最大颗粒直径选择相应的筛号，分阶段筛出全部粉碎后样品。在筛分过程中，筛上部分应全部返回粉碎工序重新粉碎，不得随意丢弃。

（4）混合：混合是为了使样品达到均匀。可以利用转堆方法对样品进行手工混合。当样品数量较大时，应采用双锥混合器或 V 型混合器进行机械混合，以保证样品均匀。对粒径大于 25mm 的样品，未经粉碎不能混合。

（5）缩分：将样品缩分成两份或多份，以减少样品的质量。样品的缩分可以用圆锥四分法，即将样品置于平整、洁净的台面上，堆成圆锥形，每铲自圆锥的顶尖落下，使均匀地沿锥尖散落，注意勿使圆锥中心错位，反复转锥至少三次，使充分混匀，然后将圆锥顶端轻轻压平，摊开物料后，用十字分样板自上压下，分成四等份，任取对角的两等份，重复操作数次，直至不少于 1kg 试样为止。液态废物制样主要为混匀、缩分。缩分采用二分法，每次减量一半直至实验分析用量的 10 倍为止。

三、实验仪器

1．采样工具

铁锹、锤子、采样探子、采样钻、取样铲等。

2．制样工具

颚式破碎机、圆盘破碎机、玛瑙研磨机、药碾、玛瑙研钵或玻璃研钵、标准套筛、十字分样板、分样铲、机械缩分器、挡板、分样器、干燥箱及盛样容器、称重用铝盒、万分之一天平。

四、实验操作步骤

（1）制样操作者与质控人员同时核实清点、交接样品，在样品交接单上签字确认。

（2）将采取的固态、半固态样品均匀平铺在洁净、干燥的搪瓷盘中，摊成 2～3cm 薄层，置于清洁、阴凉、干燥、通风的房间内自然干燥，适时地压碎、翻动。当样品中的待测组分不具备挥发和半挥发性质时也可以采用控温箱低温干燥的方法，干燥温度保持在 105℃±2℃。

（3）将干燥后的样品根据其硬度和粒径大小，选择适宜的粉碎机械，分段粉碎至小于 25mm。

（4）根据样品的最大粒径选择相应的筛号，分阶段筛出全部粉碎样品，筛上部分返回粉碎工序重新粉碎，不能随意丢失，保证样品小于 5mm。

（5）根据制样粒度使用缩分公式求出保证样品具有代表性前提下应保留在≤0.15mm 样品，一部分作为保留样品，一部分称 250g 作为成分分析样品。重复上述操作达到所需分析试样最小质量。

（6）将上述混匀的样品分装于样品瓶中填写标签。

五、注意事项

1．在制样全过程中，应防止药品产生任何化学变化和污染。若制样过程中，可能对样品的性质产生显著影响，应尽量保持原来状态。

2．如果在同一房间干燥多个样品可用大张干净滤纸盖在搪瓷盘表面，以避免样品受外界环境污染和交叉污染。

3．制样所用的工具每处理一份样品后要清洗擦干，严禁交叉污染。

六、数据记录与处理

将实验数据记录于表 4-5 中。

表 4-5　实验数据记录表

样品登记号		样品名称	
采样地点		采样数量	
采样时间		废物所属单位	
采样现场简述			
废物产生过程简述			
样品可能含有的有害成分			
样品保存方式及注意事项			
样品采集人			

七、思考题

1. 固体废物的准确采样和制样有何意义？
2. 影响固体废物采样与制样准确性的因素有哪些？

八、实验讨论与小结

实验中存在较大的误差，由于实验称重所在的天平室并不是标准规范的天平室，故在称重过程中烘干的样品可能再次吸湿，导致实验数据不准确。另外，在进行桶装废物取样时，由于前一组已经取样，桶内的废物没有办法再次混合均匀，故所取样品可能具有代表性不足的问题。实验过程中没有设立全程序空白来校正烘干过程中铝盒可能发生的失重情况，故实验结果可能与真实值之间存在误差。另外，实验中所使用的各类仪器本身也存在一定误差。

九、附录

固体废物的处理方法

1. 物理方法

物理方法包括压缩、破碎、分选、浓缩、脱水、包埋、吸附、萃取等。固体废物中有用物质的回收来源往往是通过物理方法实现的。

2. 化学方法

化学方法是指破坏废物中的有害成分降低毒害性或将其转化为有利于进一步处理的形态。常用的方法有石灰稳定、湿式氧化、铁氧体固定等。

3. 生物方法

生物方法是指利用微生物活动对废物中污染物进行转化。常用的有垃圾和有机污泥的堆肥、人畜粪便的厌氧消化和除臭、垃圾渗滤液的生物处理等。

4. 固体废物的最终处置

它属于污染控制的末端环节，用以解决固体废物的归宿问题。主要包括陆地处置和海洋处置两种类型，如施肥、土地填埋、焚烧、深井灌注以及投海等。

5. 回收利用

如同废气和污水治理那样，固体废弃物的处理处置更应该做好废物的资源循环和回收利用，资源循环和废物利用应从单一的末端治理与回用向前转移到生产前端，即做好清洁生产，把综合利用贯穿于资源的开发和生产的全过程。

实验 4.2　固体废物灰分的测定

一、实验目的

1. 了解固体废物的相关物理性质及其组成。
2. 掌握固体废物灰分的测定方法。

二、实验原理

样品经高温灼烧，有机成分挥发逸散，而无机成分（主要是无机盐和氧化物）则残留下来，这些残留物称为灰分。从数量和组成上看，灰分与样品中原来存在的无机成分并不完全相同。在灰化时某些易挥发元素，如氯、碘、铅等，会挥发散失，磷、硫等也能以含氧酸的形式挥发散失，使这些无机成分减少。另一方面，某些金属氧化物会吸收有机物分解产生的二氧化碳而形成碳酸盐，又使无机成分增加。因此，灰分并不能准确地表示样品中原来的无机成分的总量。通常把食品经高温灼烧后的残留物称为粗灰分。

灰分除总灰分（即粗灰分）外，按其溶解性还可分为水溶性灰分、水不溶性灰分和酸不溶性灰分。水溶性灰分反映的是可溶性的钾、钠、钙、镁等的氧化物和盐类的含量；水不溶性灰分反映的是污染的泥沙和铁、铝等氧化物及碱土金属的碱式磷酸盐的含量；酸不溶性灰分反映的是污染的泥沙和食品中原来存在的微量氧化硅的含量。

测定灰分可以判断原料受污染的程度；此外还可以评价加工精度和品质。

三、实验仪器与试剂

1. 仪器

马弗炉、电子天平、烘箱、坩埚、坩埚钳等

2. 试剂

所测固体废物。

四、实验操作步骤

（1）准备 3 个坩埚，分别称取其质量，并记录下来。

（2）各取 20g 烘干好的试样（绝对干燥），分别加入准备好的 3 个坩埚中（重复样）。

（3）将盛放有试样的坩埚放入马弗炉中，在 600℃下灼烧 2h，然后取出冷却。

（4）分别称量并计算含灰量，最后结果取平均值。

五、注意事项

1．取样量应根据试样的种类和形状来决定。灰分与其他成分相比含量较少，取样时应考虑称量误差，以灼烧后得到的灰分量为 10～100mg 来决定取样量。

2．坩埚是测定灰分常用的灰化容器。灰化容器的大小要根据试样的性状来选用，对于要前处理的液体样品，加热易膨胀的样品，及灰分含量低、取样量较大的样品，须选用稍大些的坩埚，或选用蒸发皿；但灰化容器过大会使称量误差增大。

六、数据记录与处理

将固体废物灰分测定数据记录于表 4-6 中。

表 4-6　实验数据记录表

固废样品编号	坩埚的质量 C/g	灼烧前坩埚和试样的总质量 R/g	灼烧后坩埚和试样的总质量 S/g	灰分含量 A/%	平均灰分含量 /%
1					
2					
3					

固体废物的灰分按下式计算后得到：

$$A = \frac{R-C}{S-C} \times 100\% \tag{4-6}$$

式中　A——试样灰分含量，%；
　　　R——灼烧后坩埚和试样的总质量，g；
　　　S——灼烧前坩埚和试样的总质量，g；
　　　C——坩埚的质量，g。

七、思考题

1. 有哪些因素会影响固体废物灰分的测定？
2. 灰分测定的意义是什么？

八、实验讨论与小结

灰分测定的误差来源有：炭化不彻底，灼烧过程中对于含糖分、淀粉、蛋白质较高的样品发泡溢出造成的样品流失，温度过高造成易挥发物质流失等。

九、附录

固体废物灰分测定实验的条件选择

1．取样量

以灼烧后得到的灰分量为 10～100mg 来决定取样量。

2．灰化容器

素烧瓷坩埚具有耐高温、耐酸、价格低廉等优点；耐碱性差，灰化碱性食品（如水果、蔬菜、豆类等）时，内壁的釉层会被部分溶解，造成吸留现象，多次使用往往难以得到恒量，在这种情况下宜使用新的瓷坩埚，或使用铂坩埚。铂坩埚具有耐高温、耐碱、导热性好、吸湿性小等优点，但价格昂贵。

3．灰化温度

一般鱼类及海产品、酒、谷类及其制品、乳制品（奶油除外）的灰化温度不大于 550℃；水果、果蔬及其制品、糖及其制品、肉及肉制品的灰化温度不大于 525℃；奶油的灰化温度不大于 500℃；个别样品（如谷类饲料）的灰化温度可以达到 600℃。灰化温度过高，将引起钾、钠、氯等元素的挥发损失，而且磷酸盐也会熔融，将炭粒包藏起来，使炭粒无法氧化；灰化温度过低，则灰化速度慢、时间长，不易灰化完全。

4．灰化时间

以样品灼烧至灰分呈白色或浅灰色，无炭粒存在并达到恒量为止，一般需 2～5h。对有些样品，即使灰分完全，残灰也不一定呈白色或浅灰色，如铁含量高的食品，残灰呈褐色；锰、铜含量高的食品，残灰呈蓝绿色。有时即使灰的表面是白色，内部仍残留有炭块。

实验 4.3 固体废物水分的测定

一、实验目的

1. 了解固体废物含水率测定的方法及适用范围。
2. 掌握实验室测量固体废物含水率的方法。

二、实验原理

含水率的数据包含了水和废物中其它沸点小于 100℃ 的游离物质，但一般固体废物各组分中所含有的此类物质是极其微量的，因此含水率基本保持了它的物理意义。

固体废物样品在 105℃±5℃ 烘至恒重，以烘干前后的样品质量差值计算水分和干物质的含量，一般用质量分数表示。

固体废物的含水率会对各处置方法产生影响：①对于堆肥化处理，含水率过高，孔隙度降低，易产生厌氧，导致恶臭，含水率过低，微生物不能正常生长；②对于焚烧处理，含水率过高，垃圾不能自持燃烧，需要添加助燃剂或先经过脱水处理；③对于填埋处理，含水率过高，会使填埋场地泥泞，影响填埋机械操作。

本实验分别采用烘箱干燥法、微波干燥法和红外干燥法进行固体废物水分的测定。

三、实验仪器

1. 仪器

鼓风干燥箱（烘箱干燥法）（105℃±5℃）、微波水分测定仪器（微波干燥法）（天平精度 0.0001g）、红外水分测定仪器（红外干燥法）（天平精度 0.0001g）、干燥器（装有无水变色硅胶）、分析天平（精度 0.01g）、具盖容器（防水材质且不吸附水分，容积应至少为 100mL）、样品勺、其他一般实验室常用仪器和设备等。

2. 试剂

所测固体废物。

四、实验操作步骤

1. 烘箱干燥法的测定

具盖容器和盖子于 105℃±5℃ 下烘干 1h，稍冷，盖好盖子，然后置于干燥器中冷却（约 45min），测定带盖容器的质量 m_0（精确至 0.01g）。用样品勺将 20~100g 固体废物样品平铺至已称重的具盖容器中，盖上容器盖，测定总质量 m_1（精确至 0.01g）。取下容器盖，将容器和固体废物样品一并放入烘箱中，在 105℃±5℃下烘干至恒重，同时烘干容器盖。盖上容器盖，置于干燥器中冷却（约 45min），取出后立即测定带盖容器和烘干样品的总质量 m_2（精确至 0.01g）。

注：对于水分含量较高的样品，可先将样品烘干 12 h，再以 4 h 为时间间隔进行恒重测定。

2. 微波干燥法的测定

按照微波水分测定仪器操作说明，设置仪器参数（包括功率和终点确定模式等），温度范围为 105℃±5℃。用样品勺取适量的样品，平铺于仪器的进样盘上，盖上仪器盖，运行测定并读数。

注：对于均匀性差的样品，可平行测定 3 次，结果以平均值表示。

3. 红外干燥法的测定

按照红外水分测定仪器操作说明，设置仪器参数，温度范围为 105℃±5℃。用样品勺取适量的样品（根据仪器要求选择合适的称样量，建议称样量为 3g 左右）平铺于仪器的进样盘上，盖上仪器盖，运行测定并读数。

注：对于均匀性差的样品，可平行测定 3 次，结果以平均值表示。

五、注意事项

1. 测定有毒有害样品时，应避免接触皮肤或者口鼻吸入，实验过程中应采取通风、排气等措施以防实验室环境或者其他样品受到污染。

2. 与样品接触的所有用具的材质应不和待测样品有任何反应，不破坏样品代表性，不改变样品组成。

3. 实验过程中应避免具盖容器内样品细颗粒被气流或风吹出。

六、数据记录与处理

1. 数据处理

将本实验测定数据记录于表 4-7。

表 4-7 实验数据记录表

固废样品编号	带盖容器的质量 m_0/g	带盖容器及固体废物样品的总质量 m_1/g	带盖容器及烘干样品的总质量 m_2/g	含水率/%	平均含水率/%
1					
2					
3					

2. 含水率的计算

$$W = \frac{m_1 - m_2}{m_1 - m_0} \times 100\% \tag{4-7}$$

式中 W——固废含水率，%；

m_0——带盖容器的质量，g；
m_1——带盖容器及固体废物样品的总质量，g；
m_2——带盖容器及烘干样品的总质量，g。

七、思考题

1. 根据实验室测定的垃圾粒密度、垃圾密度、含水率，如何计算固体废物的干密度？
2. 干密度能够实测吗？

八、实验讨论与小结

样本从烘箱取出后必须立刻放入干燥器中，冷却后再称量，否则会吸收空气中的水分影响称量的准确度；样本必须烘至恒重，否则会影响本实验测量的精度。

九、附录

恒重的定义

不同的操作下恒重的定义不一样。

（1）烘箱干燥法恒重定义：指样品烘干后，再以 4h 烘干时间间隔对冷却后的样品进行两次连续称重，前后差值不超过最终测定质量的 1%，此时的重量即为恒重。

（2）微波干燥法恒重定义：指样品在微波水分测定仪持续干燥称重下，10s 内质量变化不超过 0.2mg，此时的重量即为恒重。

（3）红外干燥法恒重定义：指样品在红外水分测定仪持续干燥称重下，50s 内质量变化不超过 1mg，此时的重量即为恒重。

实验 4.4　固体废物热值的测定

一、实验目的

1. 了解固体废物热值测定的意义。
2. 掌握热值测定方法和氧弹热量计的基本操作方法。

二、实验原理

1. 固体废物热值

焚烧的主要目的是尽可能使被焚烧的物质变为无害的和最大限度地减容，并尽量减少新的污染物质产生，避免造成二次污染。对于大、中型的废物焚烧厂，能同时实现使废物减量、彻底分解，破坏废物中的毒性物质，以及回收利用焚烧产生的废热这三个目的。而焚烧炉中固体废物焚烧需要一定热值才能正常燃烧。固体废物热值是指单位质量固体废物在完全燃烧时释放出来的热量。热值有两种表示方式，即高位热值（粗热值）和低位热值（净热值）。若热值包含烟气中水的潜热，则该热值是高位热值；反之，若不包含烟气中的潜热，则该热值就是低位热值。

要使固体废物能维持正常焚烧过程，就要求其具有足够的热值，即在进行焚烧时，垃圾焚烧释放出来的热量足以加热垃圾，并使之到达燃烧所需要的温度或者具备发生燃烧所必需的活化能。否则，便需要添加辅助燃料才能维持正常燃烧。

2. 热值测定

任何一种物质，在一定的温度下，物料所获得的热量（Q）为：

$$Q = C \cdot \Delta t = mq \tag{4-8}$$

式中　C——热容量，J/K；

　　　m——质量，g；

　　　Δt——初始温度与燃烧温度之差，K；

　　　q——物料发热量。

所以，某物质的热容量（C）的计算公式为：

$$C = \frac{mq}{\Delta t} \tag{4-9}$$

在操作温度一定、热量计中水体积一定、水纯度稳定的条件下，C 为常数，氧弹热量计系统的热容量也是固定的，当固体废物燃烧发热时，会引起热量计中水温变化（Δt），通过探头测定而得到固体废物的发热量。发热量（q）的计算公式为：

$$q = \frac{C \cdot \Delta t}{m} \tag{4-10}$$

式中，m 为待测物质量，g。

热量计热容量（E）的计算公式：

$$E = \frac{Q_1 M_1 + Q_2 M_2 + V Q_3}{\Delta T} \tag{4-11}$$

式中　E——热量计热容量，J/℃；

Q_1——苯甲酸标准热值，J/g；

M_1——苯甲酸的质量，g；

Q_2——引燃（点火）丝热值，J/g；

M_2——引燃（点火）丝的质量，g；

V——消耗的氢氧化钠溶液的体积，mL；

Q_3——硝酸生成热滴定校正（0.1mol 硝酸生成热为 5.9J），J/g；

ΔT——修正后的量热体系升温，℃。ΔT 的计算方法如下：

$$\Delta T = (t_n - t_0) + \Delta \theta \tag{4-12}$$

$$\Delta \theta = \frac{V_n - V_0}{\theta_n - \theta_0} \left(\frac{t_0 + t_n}{2} + \sum_{i=1}^{n-1} t_i - n \theta_n \right) + n V_n \tag{4-13}$$

式中　V_0，V_n——初期和末期的温度变化率，℃/30s；

θ_0，θ_n——初期和末期的平均温度，℃；

n——主期读取温度的次数；

t_i——主期按次序温度的读数。

试样热值 Q(J/g)的计算公式：

$$Q = \frac{E \cdot \Delta T - \Sigma Gd}{G} \tag{4-14}$$

式中　ΣGd——添加物产生的总热量，J；

G——试样的质量，g。

其他符号的含义同式（4-11）。

三、实验仪器与试剂

1．仪器

氧弹热量计、氧气充氧器、氧气钢瓶、点火丝、橡皮管、10mL 量筒、分析天平、镊子、剪刀、扳手等。

2．试剂

苯甲酸标准物质、固体废物、氢氧化钠标准溶液、蒸馏水等。

四、实验操作步骤

1. 热量计热容量（E）的测定

（1）先将外筒装满水，实验前用外筒搅拌器（手拉式）将外筒水温搅拌均匀。

（2）称取苯甲酸标准物质 1g（约 2 片），再称准至 0.0002g 放入坩埚中。

（3）把盛有苯甲酸的坩埚固定在坩埚架上，将 1 根点火丝的两端固定在两个电极柱上，并让其与苯甲酸有良好的接触，然后在氧弹中加入 10mL 蒸馏水，拧紧氧弹盖，并用进气管缓慢地充入氧气直至弹内压力为 2.8～3.0MPa 大气压为止，氧弹不应漏气。

（4）把上述氧弹放入内筒中的氧弹座架上，再向内筒中加入约 3000g（称准至 0.5g）蒸馏水（温度已调至比外筒低 0.2～0.5℃），水面应至氧弹进气阀螺帽高度的 2/3 处，每次用水量应相同。

（5）接上点火导线，并连好控制箱上的所有电路导线，盖上盖，将测温传感器插入内筒，打开电源和搅拌开关，仪器开始显示内筒水温，每隔半分钟蜂鸣器报时一次。

（6）当内筒水温均匀上升后，每次报时时，记下显示的温度。当记下第 10 次时，同时按"点火"键，测量次数自动复零。以后每隔半分钟贮存测温数据共 31 个，当测温次数达到 31 次后，按"结束"键表示实验结束（若温度达到最大值后记录的温度值不满 10 次，需人工记录几次）。

（7）停止搅拌，拿出传感器，打开水筒盖（注意：先拿出传感器，再打开水筒盖），取出内筒和氧弹，用放气阀放掉氧弹内的氧气，打开氧弹，观察氧弹内部。若有试样燃烧完全，则实验有效，取出未烧完的点火丝称重；若有试样燃烧不完全，则此次实验作废。

（8）用蒸馏水洗涤氧弹内部及坩埚，擦拭干净，洗液收集至烧杯中约 150～200mL。

（9）将盛有洗液的烧杯用表面皿盖上，加热至沸腾 5min，加 2 滴酚酞指示剂，用 0.1mol/L 的氢氧化钠标准溶液滴定，记录所消耗的氢氧化钠溶液的体积。如发现在坩埚内或氧弹内有积炭，则此次实验作废。

2. 样品热值的测定

取固体废物 1.0g 左右样品，同法进行上述实验步骤进行测定。

五、注意事项

1. 点火丝不得掉到水池，不能碰到坩埚。
2. 氧弹每次工作之前要加 10mL 水。
3. 工作时，实验室关好门窗，尽量减少空气对流。

六、数据记录与处理

将实验测定数据记录于表 4-8。

根据苯甲酸点火后温度的变化，以时间作 x 轴，温度作 y 轴，作出温度与时间的关系图；同理可得固体废物温度与时间关系，根据公式计算出固体废物的热值。

表 4-8　热量计的水当量 $C_{计}$ 的测定

实验序号	1	2	3	...	30	31	样品/g	0.1mol/L NaOH 溶液用量/mL	铜丝	
									点火前/g	点火后/g
苯甲酸										
固体废物										

注：苯甲酸的燃烧热为 -26460J/g，引燃铜丝的燃烧热值为 -3140J/g。

七、思考题

1. 影响热值测量的因素有哪些？
2. 氧弹测定物质的热值，经常出现点火不燃烧的现象，使得热值无法测定，原因是什么？如何解决？
3. 固体状样品与流动状样品的热值测量方法有何不同？

八、实验讨论与小结

热值一般分为低位热值和高位热值，本实验中测出的热值一般为高位热值。如果试样中水分含量极低，也可以认为是低位热值。

九、附录

氧弹热量计的使用方法

氧弹热量计的使用方法如下所述：

（1）开机后，仪器逐次自动显示温度数据 100 个，测温次数从 00～99 递增，每半分钟一次，并伴有蜂鸣器的鸣响，此时按动"结束"键或"复位"键能使显示测温次数复零。

（2）按动"点火"键后，氧弹内点火丝得到约 24V 交流电压，从而烧断点火丝，点燃坩埚中的样品，同时，测量次数复零。以后每隔半分钟测温 1 次并贮存测温数据共 31 个，当测温次数达到 31 后，测温次数就自动复零。

（3）当样品燃烧，内筒水开始升温，平缓到顶后，开始下降，当有明显降温趋势后，可按"结束"键，然后按动"数据"键，可使 00 次、01 次、02 次……直到按"结束"键时的测温次数为止的测量温度数据重新逐一在五位数码管上显示出来，操作人员可进行记录和计算，或与实时笔录的温度数据（注：电脑贮存的数据是蜂鸣器鸣响的那一秒的温度值）核对后计算 ΔT 和热值。当操作人员每按一次"数据"键，被贮存的温度数据和测温次数自动逐个显示出来，方便操作人员查看测温记录。

注：在读取数据状态，"点火"键不起作用，若需重新测量，必须先按"结束"键，使仪器回到测温状态。

（1）按"复位"键后，可重新实验。
（2）关掉电源，原贮存的温度数据也将自动被清除。

实验 4.5　石材放射性的测定

一、实验目的

1. 了解石材具有放射性及其危害的大小。
2. 了解并熟悉测定仪器,掌握其测定的操作方法及工作原理。

二、实验原理

石材的放射性是指由于石材含有放射性元素而不断地向其周边的环境放射出射线及有放射性的气体。石材的放射性一般可分为外照射和内照射二种,其中外照射主要是由于铀、镭、钍等元素放射出的射线,对人体的伤害较大;内照射是由于镭在放射过程中衰变后变成一种叫氡的气体,这种气体对人体的呼吸系统和消化系统有伤害,但必须达到一定浓度才有危害性。

石材放射性的危害:一方面大剂量的射线它会增加诱导人体的细胞发生癌变的概率;另一方面大剂量的射线会直接杀伤人体细胞,扰乱人体的新陈代谢。

本实验所用检测器运用盖革计数管来探测辐射。每次射线穿过管子并引起电离时,盖革计数管会产生脉冲电流。每个脉冲都经过电子探测器并进行运算。探测器以选定的模式显示计算:CPM,mR/hr,或者 Total。在国际单位制中,使用 CPS 和 μSv/hr。

检测器探测出来的计数数字因放射能的任意状态而每分钟都在变化,故以过去一段时间内的平均值表示更加准确,而且这段时间越长,数据越准确。

三、实验仪器与试剂

Radalert Inspector 手持检测仪。

四、实验操作步骤

(1) 测定前(校准后)打开测定放射性的仪器,从下到上依次打开开关。
(2) 将仪器平行放置距离地面 5cm 处,调节仪器最下端开关于"On"。
(3) 面板上部按钮保持在"Total/Timer"处,仪器顶部按钮至"Set"处,设定监测时间为 2min。
(4) 顶部按钮至"On",三声后开始测定总计数。测量结束后由显示的总计数除以总的分钟数,可以得到该时段的平均计数。
(5) 期间,将"Total/Timer"处开关拨到"mR/hr"处,记录瞬时值。

（6）选取不同测量地点，不少于五个，每个被选取的测量点测量三次，取平均值。

（7）监测完毕，依次从上到下关闭开关，关闭仪器。

五、注意事项

1. 使用仪器时要轻拿轻放，避免仪器的损坏。
2. 不要将仪器放在38℃以上高温中和长时间阳光下直晒。
3. 避免潮湿。
4. 不要将仪器放入微波炉中。
5. 在测量过程中，尽可能保持仪器与石材的位置不发生变动。
6. 多测几组数据，取平均值，减小误差。

六、数据记录与处理

将各采样地点石材的放射性测定数据记录于表4-9中。

表4-9 各采样地点石材的放射性测定值

地点	数据项目	1	2	3	平均值
（1）实验室地板砖	瞬时/（μSv/hr）				
	总量 μSv				
（2）小花园石头	瞬时/（μSv/hr）				
	总量 μSv				
（3）校门口石头	瞬时/（μSv/hr）				
	总量 μSv				
（4）校园湖边石头	瞬时/（μSv/hr）				
	总量 μSv				
（5）宿舍地板砖	瞬时/（μSv/hr）				
	总量 μSv				

七、思考题

1. 什么是放射性？简述放射性元素对人体的危害。
2. 简述放射性的特性与分类。

八、实验讨论与小结

如果想确定周边环境辐射是否增加，可以使用定时器，进行 5min 或 10min 一次的计数，并把该均值与本底计数相比较。如果对用一个短的定时读数探测一个小的增量有疑问，可以进行一次长时间的计数（如 6h、12h 或 24h），结果会更为精确，具有参考价值。

九、附录

多功能辐射检测仪简介

Radalert 100 α、β、γ 和 χ 多功能辐射检测仪是一款最新推出的通用盖革计数器（图 4-1），用于测定 α、β、γ 及 X 射线辐射。LCD 数字显示读数，可选择每分钟计数（CPM）、mR/hr（或 μSv/hr）及累计计数，最高可达 350000CPM 或 110.0mR/h。每次计数伴有红色 LED 闪烁和蜂鸣声提示。当辐射达到用户自行设定的水平时，仪器会自动发出声光报警。

该仪器的应用领域包括：监测个人辐射暴露、监测地区或周界环境辐射、监测辐射泄漏和污染、监测本底辐射变化、核物理原理演示、检查辐射性矿物等。

图 4-1　多功能辐射检测仪

该仪器的技术指标如下：

（1）剂量率：0.001～110.0mR/hr 或 0.01～1100μSv/hr。

（2）计数：CPM 为 0～350000 或 CPS 为 0～3500；总数为 1～9999000。

（3）精度：±10%；典型值±15%，最大（mR/hr 和 μSv/hr 模式下）。

（4）计时器：长达 40h。

（5）灵敏度：1000CPM/mR/hr，参比 Cs-137。

（6）显示：四位数值液晶显示，含模式指示。

（7）报警：内置报警器，当辐射水平达到用户设定值时发出声音报警；用户可调报警水平达 50mR/hr 和 160000CPM。

（8）计数灯：每次计数时 LED 灯闪烁。

（9）声音：每次计数时发出 BP 机似的声音，可静音。

（10）电源：9V 碱性电池，一般背景水平下可用 2160h；1mR/hr 静音时可用 625h。

（11）选项：电缆和软件。

（12）尺寸：150mm×80mm×30mm。

（13）重量（克）：225g。

（14）认证：CE。

第 5 章
环境拓展创新实验

实验 5.1　固体废物破碎、筛分实验

一、实验目的

1．了解固体废物预处理的基本方法及特点。
2．熟悉常用破碎、筛分设备及其操作使用。
3．掌握筛分曲线的测定和绘制方法。

二、实验原理

1．固体废物破碎

固体废物破碎就是利用外力克服固体废物质点内聚力而使大块固体废物分裂成小块的过程。使小块固体废物颗粒分裂成细粉的过程称为磨碎。固体废物经破碎和磨碎后，粒度变得小而均匀。

固体废物的破碎按原理分为物理方法和机械方法两种。物理方法主要为低温冷冻粉碎和超声波粉碎两种。机械方法有挤压、劈裂、弯曲、冲击、磨剥和剪切破碎等方法。常用的破碎机类型有颚式破碎机、冲击式破碎机、锤式破碎机、反击式破碎机、辊式破碎机、剪切式破碎机和球磨机等。

2．筛分

筛分是利用筛子将物料中小于筛孔的细粒物料透过筛面，而大于筛孔的粗粒物料留在筛面上，完成粗料、细料分离的过程。该分离过程可看作是物料分层和细粒透筛两个阶段组成的。物料分层是完成分离的条件，细粒透筛是分离的目的。固体废物处理中最常用的筛分设备有固定筛、滚筒筛、振动筛和共振筛等。一般实验室多用振动筛进行筛分。

三、实验仪器与试剂

1．仪器

XPC-100×150 颚式破碎机（2PG-Φ200×125 双辊破碎机、MP-Φ175 型圆盘粉碎机）、XSBP-A 型拍击式振筛机（1台）、恒温干燥箱（1台）、托盘天平（最大称量1000g，感量1g；最大称量500g，感量0.1g 各1台；或电子天平）、Φ200 标准分样筛（1套，含筛底和筛盖）、辅助工具（小铲、钉锤、取样勺、瓷盘、毛刷、烧杯等）等。

2．试剂

所测固体废物（烟梗）。

四、实验操作步骤

（1）取 5～10kg 的固体废物进行手工分拣，将废物中的铁块以及其他可见杂质拣出，以免损坏破碎设备。

（2）若块状的固体废物粒度大于破碎机的最大给料尺寸 100mm×150mm 时，就先用钉锤或锄头进行人工破碎，使物料粒度小于 90mm（若使用其他破碎设备时，物料粒度要求详见该设备的技术规范。若使用 2PG-Φ200×125 双辊破碎机和 MP-Φ175 型圆盘粉碎机时，物料的最大粒度应分别小于 10mm 和 6mm）。

（3）检查破碎机（双辊破碎机或圆盘粉碎机）各个部件均无故障后，进行排料口的清扫，并将接料斗安装好。

（4）开启破碎机，用小铲将物料均匀加入给料口，当加料口物料全部破碎后，才可关闭破碎机。静等 2min 后，取出破碎好的物料。

（5）取固体废物粉样放在瓷盘中，置于 105℃恒温干燥箱中烘干，冷却至室温备用。

（6）称取冷却后的物料样 500g（若进行特细物料筛分时，称取试样量为 250g），选用一组筛子过筛（筛子层数最多为 10 层）。筛子按筛孔大小顺序排列，试样放在最上面的一只筛中，盖好筛盖。

（7）将该套筛具置于拍击式振筛机筛盘上，调整升降托架使筛具紧卡在筛盘与下筛盘之间。按下振筛机电源开关，按实验要求设定振筛时间（10～20min），按"ON"键开启振筛机，在设备正常工作时，需要停机按"OFF"键。每停机一次，应重新设置时间。待完成振筛程序后关闭机器，取下筛具。

（8）精确称量在各个筛上的筛余试样的质量（精确至 0.1g），所有各筛的筛余质量与筛底剩余质量之和与筛分前的试样总质量相比，其差值不应超过 1%。

（9）试样在各号筛上的筛余质量不得超过 200g，否则应将试样分成两份进行筛分，并以其筛余量之和作为该号筛的筛余质量。

（10）筛分实验采用两个试样进行，以两次结果的算术平均值作为测定值。

（11）记录各项数值。

五、注意事项

1．分样筛必须按照孔径大小从上到下进行组合。
2．样品筛分时间不得少于 10min。

六、实验结果与数据处理

1．实验数据记录见表 5-1。

表 5-1 实验数据汇集表

筛号/目	筛孔孔径/mm	筛余物料量				该号筛上的累计筛余物料量	
		质量/g			质量百分率/%	质量/g	质量百分率/%
		试样1	试样2	测定值			

2. 分别计算实验用各号筛上的筛余百分率，即各号筛上的筛余量除以试样总质量的百分率（精确至0.1%）。

3. 计算各号筛的累计筛余百分率，即该号筛上的筛余与大于该号筛的各号筛上的筛余百分率之和（精确至0.1%）。

4. 以累计筛余百分率为纵坐标，筛孔尺寸为横坐标，绘制筛分曲线。

七、思考题

1. 固体废物进行破碎和筛分的目的分别是什么？
2. 各种破碎机各有什么特点？
3. 影响筛分的因素有哪些？

八、实验讨论与小结

样品筛分时间对样品筛分曲线的影响较大，应根据物料量的多少，设置一个合理的筛分时间。

九、附录

破碎筛分相关知识

固体废物和废气、废水、噪声一样，是造成目前环境污染的四大污染源之一，其成分复杂且不均匀、体积庞大是一般固体废物的特点，为了使它适合于运输、资源化处理或最终处置，需要对其进行预处理。破碎就是通过人力或机械等外力的作用，破坏物体内部的凝聚力和分子间作用力而使物体破裂变碎，减小固体废物的颗粒尺寸，使原来不均匀的固体废物在破碎或粉磨之后容易均匀一致，可提高焚烧、热解、熔烧、压缩等作业的稳定性和处理效率；破碎后固体废物假比重减少，容量减少，便于压缩、运输、贮存和高密度填埋和加速复土还原；可防止粗大、锋利废物损坏分选、焚烧、热解等设备或炉腔；为固体废物的资源化作准备。

筛分是固体废物分选的手段之一，就是把固体废物中可回收利用的或不利于后续处理、处置工艺要求的颗粒分离出来。在进行固体废物资源化处理时，常常要将固体废物单体分离或分成适当的级别，以便于资源化处理，需要对破碎或磨碎后的废料进行粒度的分选和颗粒级配的测定。所以破碎筛分是固体废物处理方法中必不可少的预处理工艺之一，也是固体废物处理工程中重要的处理环节。

筛分试验中筛号与筛孔孔径对照见表5-2。

表5-2 筛号与筛孔孔径对照表

筛号/目	28	30	110	170	180	190	200
筛孔孔径/mm	0.65	0.6	0.236	0.091	0.033	0.02	0.005

实验 5.2 固体废物热分析实验

一、实验目的

1. 了解热分析仪的结构和工作原理。
2. 掌握差热分析仪实验操作和分析 DTA 曲线的基本方法。
3. 掌握差热分析的原理，进行试样的 DTA 曲线的解析。

二、实验原理

许多物质在加热或冷却过程中会发生熔化、凝固、晶型转变、分解、化合、吸附、脱附等物理化学变化。这些变化必将伴随有体系焓的改变，因而会产生热效应，其表现为该物质与外界环境之间的温度差。选择一种对热稳定的物质作为参比物，将其与样品一起置于可按设定速率升温的电炉中，分别记录参比物的温度及样品与参比物之间的温度差，以温差对温度作图就可得到一条差热分析曲线，或者称差热谱图。可以说，差热分析（differential thermal analysis，DTA）就是在程序控制温度的条件下，测量被测物与参比物之间温度差对温度关系的一种技术，即测定在同一受热条件下，试样与参比物之间温度差（ΔT）对温度（T）或者时间（t）关系的一种方法。从差热曲线可以获得有关热力学和热动力学方面的信息。结合其他测试手段，还有可以对物质的组成、结构或产生热效应的变化过程的机理进行深入研究。

差热分析测定采用记录仪分别记录温差和温度，以时间作为横坐标，这样就得到ΔT-t 和 T-t 两条曲线，通过温度曲线可以很容易地确定差热分析曲线上各点的对应温度值。如果参比物和被测试样的热容大致相同，而试样无热效应，两者温度基本相同，此时得到的是一条平滑的曲线。一旦试样发生变化，就产生了热效应。在差热分析中规定，峰顶向上的峰为放热峰，表示试样的焓变小于零，其温度高于参比物；相反，峰顶向下的峰为吸热峰，表示试样的温度低于参比物。

差热分析作为一种动态温度分析技术，有很多影响因素，如气氛和压力、升温速率、试样的预处理及其用量、参比物的选择等。

三、实验仪器与试剂

1. 仪器

托盘天平（最大称量 1000g，感量 1g；最大称量 500g，感量 0.1g 各 1 台）或电子天平、辅助工具（小铲、钉锤、取样勺、瓷盘、毛刷、烧杯等）、差热分析仪（或同步 TG/DTA，TG/DSC 热分析仪）、研钵（1 个）、取样器（1 把）、三氧化二铝坩埚（2 只）、镊子（1 把）、药勺（1 把）。

2. 试剂

所测固体废物。

四、实验步骤

1. 试样的预处理

由于样品粒度对热传导和气体扩散有较大的影响，粒度越小，反应速率越快，使 T_i 和 T_f 温度降低（T_i 是初始分解温度，T_f 是终止分解温度），反应区间变窄；试样颗粒大往往得不到较好的 DTA 曲线。所以应预先进行相应的研磨处理，过 100~300 目筛。

2. 测试步骤

（1）开机：打开恒温水浴、STA449F3 主机与计算机电源，预热 2~3h 后，进入 Proteus 软件开始测量准备。

（2）气体：确认测量所使用的吹扫气情况，并调节好压力、流量。

（3）放置样品：首先进行样品制备，先将空坩埚放在天平上称重，清零，随后将样品加入坩埚中，称取样品重量。

（4）基线测量：点击测量软件"文件"菜单下的"新建"，选择"修正"测量模式，按提示设定所需的条件。

（5）程序设置：打开基线文件，选择"修正+样品"测量模式，按照相应的步骤提示填写详细的样品信息。

（6）开始测量。

（7）测量结束后打开分析软件对曲线进行分析。不要关闭水浴及主机电源，待炉体自然冷却到室温后，取出坩埚并进行清洁。

五、注意事项

1. 保持样品坩埚的清洁，应使用镊子夹取，避免用手触摸。

2. 在测量的温度范围内，保证测试的样品及其分解物绝对不能与样品坩埚、样品支架或热电偶发生反应。如不确定，请使用其他单独的炉子试烧。

3. 应尽量避免在仪器极限温度（1600℃）附近进行长时间恒温操作。

4. 实验完成后，必须等炉温降到 150℃ 以下后才能打开炉体。

5. 仪器的最大升温速率为 50K/min，最小升温速率为 0.1K/min，一般使用的升温速率为 10K/min 到 30K/min。

六、数据记录与处理

1. 实验结束后，打开测量文件点击"文件"菜单下的"打开"项，在分析软件中打开所需分析的测量文件。

2. 切换时间/温度坐标，刚调入分析软件中的图谱默认横坐标为时间坐标。

3. DTG 曲线：选中 TG 曲线，点击"分析"菜单下的"一次微分"，调出 TG 的一次微分曲线（DTG 曲线）。

4. 平滑：选中 TG 曲线，点击"设置"菜单下的"平滑"项或工具栏上的相应按钮。

5. 设定曲线颜色属性：可按照喜好将不同的曲线以不同的颜色表示，使图谱更清晰更美观一些。如图中 TG 与 DTG 曲线均为绿色（软件安装后的默认设置），可将 TG 曲线改为红色。选中 TG 曲线，在右键菜单中点击"曲线属性"，在对话框中可对所选曲线的颜色、线型等属性进行修改，再点击"确定"退出。

注：曲线属性的默认设置在"设置"菜单的"属性/默认值"中修改。

6. DSC 峰值标注：选中 DSC 曲线，点击"分析"菜单下的"峰值"，出现标注界面，先将左右两条黑色标注线拖动到第一个峰的左右两侧，点击"应用"，软件将自动标出第一个峰的峰值温度。随后再依次将两条标注线拖动到其他峰的左右两侧并点击"应用"，最后点击"确定"，即完成了 DSC 峰的峰值标注。

7. DSC 峰面积标注：选中 DSC 曲线，点击"分析"菜单下的"面积"，出现标注界面，将标注线拖动到第一个峰的左右两侧，在"基线类型"中选择合适的基线类型，点击"应用"，进入下一界面，在 mW/mg 坐标下峰面积的单位为 J/g（每克样品吸收或释放的热量），是以 DSC 转换后的 mW 信号对时间的积分再除以样品质量（mW·s/mg）得到的。但因为在测试中样品质量随温度而变化，需要确定计算所使用的样品质量是在哪一温度下的质量。在此处即选择样品质量的参照点，共有"实验开始时质量""峰左质量""峰右质量"与"自定义"四项可选，其中"自定义"可任意设定取某一温度下的质量。此处选择"实验开始时质量"，点击"确定"，软件即自动标出第一个峰的峰面积。同理再标出其他峰的面积。但后面的峰在取质量参照点时需选"峰左质量"。

8. DTG 峰值温度标注：选中 DTG 曲线，点击"分析"菜单下的"峰值"，出现标注界面，将两根标注线依次拖动到 DTG 峰的左右两侧并点击"应用"，软件标注出 DTG 峰的峰值温度。DTG 峰值温度反映的是样品质量变化速率最大的温度。

9. TG 失重台阶标注：选中 TG 曲线，点击"分析"菜单下的"质量变化"，出现标注界面，先将两条标注线拖动到第一个失重台阶的左右两侧（失重台阶的左边界与右边界可参考相应的 DTG 峰进行判断），点击"应用"，软件自动标注出该范围内的质量变化，此时左边界线已自动移动到第一个失重台阶的右边界处，现在只需把右边界线拖动到第二个失重台阶的右侧并点击"应用"，软件即标注出第二个失重台阶的质量变化，同理再标注出其它失重台阶的失重比，最后点击"确定"退出。

注：由于实际测试中 TG 的各台阶之间很少呈现真正意义上的"平台"（DTG 峰的左右两侧很少为取值是 0 的理想的水平线），多步失重台阶的"分割"存在一定的经验性，通常以 DTG 各峰之间的"谷底"为分割标准，若"谷底"不是一个点而是一条不在 0 位上的水平线（即两个失重台阶之间为无明显边界的匀速缓慢失重），则较多的取水平线的中间为分割标准。

10. 残余质量标注：选中 TG 曲线，点击"分析"菜单下的"残留质量"，软件自动标注出在终止温度处样品的分解残余量。

11. 失重台阶的外推起始点标注选中 TG 曲线，点击"分析"菜单下的"起始点"，弹出如下标注界面。

参考 DTG 曲线，将左边的标注线拖动到失重峰左侧曲线平的地方，右边的标注线拖动到峰的右侧，点击"应用"，软件即自动标注出失重的外推起始点。点击"确定"退出即可。同理再标出后两个失重台阶的起始温度，最后点击"确定"退出。

12. 坐标范围调整：因同步热分析图谱上的曲线较多，标注也较为繁杂，如果需要的话，可以将曲线的纵坐标范围作适当调整，使相互重叠的曲线、标注等分开，使图谱更加美观一些。方法是使用"范围"菜单下的相应坐标调整功能项。如可考虑将 TG 曲线的位置适当调高些，选中 TG 曲线，点击"范围"菜单下的"Y-TG"或工具栏上的相应按钮，出现操作界面。

13. 调整标签位置通过鼠标拖动，将各标注标签分开，使其不至于相互重叠。

14. 插入文字：上述操作完成以后，如果还需要在图谱上插入一些样品名称、测试条件等说明性文字，可以点击"插入"菜单下的"文本"或工具栏上的相应按钮，在分析界面上插入文字（文字的多行书写使用"Shift-Enter"进行换行）。

15. 保存分析文件：图谱分析完毕后可将其保存为分析文件，方便以后调用查看。

16. 导出数据：如果需要将数据在其他软件中作图或进行进一步处理，可把数据以文本格式导出。选中待导出的曲线，点击"附加功能"菜单下的"导出数据"，出现导出界面。

七、思考题

1. 根据获得的差热曲线分析，说明差热曲线上各个峰的含义并标出峰值温度，同时分析试样在不同温度区间发生的反应是吸热反应还是放热反应？
2. 根据差热法的分析原理以及实验体会，说明影响 DTA 曲线的因素。
3. 对实验结果进行误差分析。

八、实验讨论与小结

实验热分析曲线与实验过程中所取的物质的量有关，根据不同分析物质，选取合适的量，但对实验结果分析不会产生影响，实验分析过程是非常严格的。

九、附录

热分析仪器部分操作条件

1. STA 449F3 热分析仪操作条件

（1）温度恒定，电源稳定 220V，16A。

（2）保护气体（Protective）：保护气体输出压力应调整为<0.05MPa（一般 0.03MPa），流速恒定为 20mL/min。开机后，保护气体开关应始终为打开状态。

（3）吹扫气体（Purge1/Purge2）：使用压力为<0.05MPa（一般 0.03MPa），一般情况下为 60mL/min。

（4）恒温水浴：一般情况下，恒温水浴的水温调整为至少比室温高出 2~3℃。

2. STA 449F3 热分析仪测试参数的选择

（1）升温速率的选择：升温速率的选择，以保证基线平稳为原则。若无特殊要求升温速率一般选择为 10~20℃/min 为宜。

（2）气氛的选择：热重法通常可在静态气氛或动态气氛下进行测定，但为了获得较好的实验结果，一般选用动态惰性气氛下进行样品的热重分析实验。

（3）坩埚选择：确定所用坩埚与样品物质在测试温度及气氛下不发生反应或共融现象。称量后的样品放于坩埚中并保持良好的热接触。

实验 5.3　土壤阳离子交换量的测定

一、实验目的

1. 了解土壤阳离子交换量（CEC）的内涵及其环境化学意义。
2. 掌握土壤阳离子交换量的测定原理和方法。

二、实验原理

土壤阳离子交换量的常用测定方法为乙酸铵法、氯化铵-乙酸铵法和氯化钡交换法。本实验采用氯化钡交换法快速测定土壤阳离子交换量，原理如图 5-1 所示。

如图 5-1 所示，反应中因存在离子交换平衡，交换反应实际上不完全，但当溶液中交换剂浓度大、交换次数增加时，交换反应可趋于完全。另外，若用过量的强电解质，如硫酸溶液，可把交换到土壤中的 Ba^{2+} 交换出来，这是由于生成了硫酸钡沉淀，且由于 H^+ 的交换吸附能力很强，离子交换基本完全。这样，通过测定交换反应前后硫酸含量的变化，可算出消耗的酸量，进而算出阳离子交换量。这种交换量就是土壤的阳离子交换量，通常用 1kg 干土中的阳离子物质的量表示。

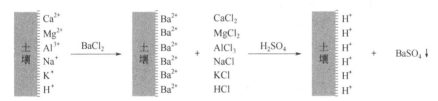

图 5-1　土壤阳离子交换量测定原理示意图

三、实验仪器与试剂

1. 仪器

离心机、电子天平、50mL 离心管、100mL 锥形瓶、50mL 量筒、移液管（10mL、25mL）、25mL 试管、25mL 碱式滴定管等。

2. 试剂

（1）0.1mol/L 氢氧化钠标准溶液：称取 2g 分析纯氢氧化钠，溶解于 500mL 煮沸后冷却的蒸馏水中。用电子天平称取两份 0.5000g 邻苯二甲酸氢钾（预先在烘箱中 105℃烘干）于 250mL 锥形瓶中，加 100mL 煮沸后冷却的蒸馏水，溶解完全后再加 4 滴酚酞指示剂，用配制好的氢氧化钠标准溶液滴定至淡红色，消耗的氢氧化钠标准溶液的体积为 V_1。同时用煮沸后冷却的蒸馏水做空白实验,并从滴定邻苯二甲酸氢钾的氢氧化钠标准溶液的体积中扣除空白值 V_0。按式（5-1）计算所制备的氢氧化钠标准溶液的准确浓度。

$$c(\text{NaOH}) = \frac{\frac{m}{M}}{(V_1 - V_0) \times 10^{-3}} \quad (5\text{-}1)$$

式中　$c(\text{NaOH})$——氢氧化钠标准溶液的准确浓度,mol/L;
　　　m——邻苯二甲酸氢钾的质量,g;
　　　V_1——滴定邻苯二甲酸氢钾消耗的氢氧化钠标准溶液的体积,mL;
　　　V_0——滴定蒸馏水空白消耗的氢氧化钠标准溶液的体积,mL;
　　　M——邻苯二甲酸氢钾的摩尔质量,g/mol。

（2）0.5mol/L 氯化钡溶液：称取 60g 氯化钡（$BaCl_2 \cdot 2H_2O$）溶于 500mL 蒸馏水中。

（3）0.1%酚酞指示剂：称取 0.1g 酚酞溶于 100mL 乙醇中。

（4）0.1mol/L 硫酸溶液：移取 5.36mL 浓硫酸至 1000mL 容量瓶中,用蒸馏水稀释至刻度。

（5）土壤样品：风干后磨碎,过 200 目筛。

四、实验操作步骤

（1）取 4 支洁净干燥的 50mL 离心管分别放在小烧杯上,在电子天平上称其总质量（m,精确至 0.005g,下同）。在其中 2 支离心管中各加入 1.0g 污灌区表层风干土壤样品（m_0）,其余 2 支分别加入 1.0g 深层风干土壤样品（m_0）,将 4 支离心管及其相应的称量架均做好标记。

（2）用量筒向各管中加入 20mL 0.5mol/L 氯化钡溶液,用玻璃棒搅拌 4min 后,以 3000r/min 转速离心 5min,直到管内上层溶液澄清。弃去上层清液,再加入 20mL 氯化钡溶液,重复上述步骤一次。离心后保留离心管内的土层。

（3）向各离心管内加 20mL 蒸馏水,用玻璃棒搅拌 1min 后,以 3000r/min 转速离心 5min,直到土壤完全沉积在管底部,上层溶液澄清为止。弃去上层清液,将离心管连同管内土样一起,放在相应的小烧杯上,在电子天平上称出各管的质量（m_G）。

（4）移取 25.00mL 0.1mol/L 硫酸溶液到上述 4 支离心管中,搅拌 1min 后放置 20min,用同样的方法离心沉降。将上清液分别倒入 4 支试管中,再从各试管中分别移取 10.00mL 上清液至 4 个 100mL 锥形瓶中。另外,分别移取 10.00mL 0.1mol/L 硫酸溶液至其余 2 个锥形瓶中。在 6 个锥形瓶中分别加入 10mL 蒸馏水、2 滴酚酞指示剂,用氢氧化钠标准溶液滴定,溶液转为淡红色且 0.5min 内不褪色即为终点。

将样品消耗氢氧化钠标准溶液体积（V_3）,10.00mL 0.1mol/L 硫酸溶液耗去的氢氧化钠标准溶液体积（V_4）,氢氧化钠标准溶液的准确浓度[$c(\text{NaOH})$],连同以上数据一起记入表 5-3 中。

五、注意事项

1. 实验所用的玻璃器皿应洁净干燥,以免造成实验误差。
2. 离心时注意,处在对应位置上的离心管应重量接近,避免重量不平衡情况的出现。

六、数据记录与处理

表 5-3 数据记录表

样品	表层土		深层土		V_4/mL	1	
	1	2	1	2			
m_0/g						2	
m/g							
m_G/g						平均值:	
V_3/mL							
CEC/(mol/kg)					c(NaOH)/(mol/L)		
平均 CEC/(mol/kg)							

按式（5-2）计算土壤阳离子交换量：

$$\mathrm{CEC} = \frac{\left[\dfrac{V_4}{10.00} \times 25.00 - \dfrac{V_3}{10.00}\left(25.00 + \dfrac{m_G - m - m_0}{\rho}\right)\right] \times 10^{-3} \times c(\mathrm{NaOH})}{m_0 \times 10^{-3}} \tag{5-2}$$

式中　CEC——土壤阳离子交换量，mol/kg；

　　　V_4——滴定 0.1mol/L 硫酸溶液消耗的氢氧化钠标准溶液体积，mL；

　　　V_3——滴定离心沉降后的上清液消耗的氢氧化钠标准溶液体积，mL；

　　　m_G——离心管连同土样及烧杯的质量，g；

　　　m——空离心管连同烧杯的质量；g；

　　　m_0——称取的土样质量，g；

　　　c(NaOH)——氢氧化钠标准溶液的准确浓度，mol/L；

　　　ρ——水的密度，g/cm³。

七、思考题

1. 解释说明两种土壤阳离子交换量的差异。
2. 土壤阳离子交换量测定的影响因素有哪些？
3. 除了实验中所用的方法外，还有哪些方法可以用来测定土壤阳离子交换量？各有什么优缺点？
4. 试述土壤的离子交换对污染物迁移转化的影响。

八、实验讨论与小结

　　实验过程中存在的影响结果准确度的因素有：实验过程中移液管及滴定管的使用有误，并且在读数时存在误差； 滴定终点的判断及滴定操作等也会存在系统误差。

九、附录

土壤阳离子交换量测定方法的比较

土壤环境对我国国民经济发展有着直接影响，这是因为土壤和农业生产直接相关，如果土壤环境出现了问题，那么农产品的安全性也无法保障，最终会危害消费者的身体健康，阻碍国民经济的发展。因此，开展土壤环境监测工作尤为重要，而土壤阳离子交换量的监测及研究是其中的一个必测项目。就目前来看，测量土壤阳离子交换量的方法较多，常见的有乙酸铵浸提标准酸液滴定法、氯化钡硫酸交换法等。除上述比较常见的方法外，我国新发布了一种测量方法——三氯化六氨合钴浸提分光光度法（HJ 889—2017）。现分别介绍如下。

A. 乙酸铵浸提标准酸液滴定法

酸性、中性土壤多用传统的乙酸铵交换法测定，使用乙酸铵溶液反复处理土壤，使土壤成为铵离子饱和土；用乙醇洗去多余的乙酸铵后。

1. 方法提要

用 1mol/L 中性乙酸铵溶液反复处理土壤，使土壤中 NH_4^+ 饱和。过量的乙酸铵用乙醇洗除，加入氧化镁蒸馏。蒸馏出的氨被硼酸溶液吸收，通过盐酸标准溶液滴定氨量后，计算土壤阳离子交换量。

2. 适用范围

本方法适用于中性、酸性土壤中阳离子交换量的测定。

3. 主要仪器设备

（1）电动离心机：转速 3000～5000r/min。

（2）离心管：100mL。

（3）定氮仪。

（4）滴定装置。

（5）消化管（与定氮仪配套）。

4. 方法特点

乙酸铵的缓冲性强，不易破坏土壤吸收复合体，先后交换出来的溶液 pH 基本不变。再者，乙酸铵交换法测定酸性土壤阳离子交换量的结果稳定，重现性好，准确度高，因此为现今大多数分析检测实验室的常规测定方法。但是，传统的方法样品要经乙酸铵、乙醇多次处理，离心分离，耗时长，步骤繁琐；处理好的样品还须蒸馏定氮，传统的蒸馏装置部件众多，安装连接复杂，所占空间大；过多的操作步骤、蒸馏装置气密性不佳等容易造成待测组分损失严重，使测定结果偏低。若乙醇洗涤土壤样品不完全，存在乙酸铵残留，则会使测定结果偏高，达不到令人满意的结果。

B. 三氯化六氨合钴浸提分光光度法

1. 方法提要

在 20℃±2℃ 条件下，用三氯化六氨合钴溶液作为浸提液浸提土壤，土壤中的阳离子被三氯化六氨合钴交换下来进入溶液。三氯化六氨合钴在 475nm 处有特征吸收，吸光度与浓度成正比，根据浸提前后浸提液吸光度差值，计算土壤阳离子交换量。

2. 适用范围

本标准适用于碱性土壤中阳离子交换量的测定。

3. 主要仪器设备

(1) 离心机：转速 3000～5000r/min，配备 100mL 圆底塑料离心管（具密封盖）。

(2) 分光光度计：配备 10mm 光程比色皿。

(3) 振荡器：振荡频率可控制在 150～200 次/min。

(4) 分析天平：感量为 0.001g 和 0.01g。

4. 方法特点

该方法具有操作简单、分析速度快等特点，能满足不同酸碱度土壤中 CEC 测定，适用于大批量土壤样品的分析测试。

C. 两种测定方法的比较结论：

(1) 两种测量方法的比较分析

在使用乙酸铵浸提标准酸液滴定法的过程中，所需要的试剂以及配置的溶液是非常多的，需要一直到所处理的浸出液当中没有钙离子为止。这一系列操作是非常耗时耗力的，同时，在运用的过程中有可能存在着样品的损失。除此之外，还需要使用乙醇反复对离心管进行清洗。而三氯化六氨合钴浸提分光光度法不需要配置多种样品溶液，只需要配置三氯化六氨合钴溶液即可，不存在样品不断转移的情况，所以说也不存在着样品的损失。

(2) 两种测量方法分析效率比较

如表 5-4 所示，使用三氯化六氨合钴浸提分光光度法，无论是分析效率，还是周期方面，都要比乙酸铵浸提标准酸液滴定法更加优越。试验研究表明，使用三氯化六氨合钴浸提分光光度法可以更好地减少工作量，也能够提升工作人员的工作效率。

表 5-4　两种测量方法对比

序号	乙酸铵浸提标准酸液滴定法	三氯化六氨合钴浸提分光光度法
1	试剂准备需 3～4h	试剂准备需约 10min
2	前处理需 34h	前处理需 1～2h
3	每个样品测定需约 5min	每个样品上机比色约 10s
4	一个分析人员一天全程分析约 6 个样品	一个分析人员一天全程分析约 20 个样品

实验5.4 运用主成分分析法确定湖泊环境污染影响因素

一、实验目的

1. 了解 SPSS 软件的基本操作。
2. 掌握使用主成分分析法处理大量实验数据的原理。
3. 掌握主成分分析法的分析处理方法。

二、实验原理

水环境是一个复杂的系统，水体的物理、化学和生物特性及其组成的状况体现了水环境质量。影响水质的因素繁多，要快速、客观地从多维因素中筛选出影响水质的主要因素，可采用主成分分析法对水质进行评价。

主成分分析法是将多个且具有一定相关性的指标，利用降维的数学变换方法转化成几个综合指标，这几个综合指标就叫做主成分。主成分之间没有相关性，都是原始指标的线性组合，所以这些主成分可以反映原始指标之间的内在联系，而不会相互重叠。主成分分析法在水环境质量评价中的应用主要有两方面：一方面，制定综合评价指标以评价各采样点的污染程度，从而对各采样点的污染程度进行排序；另一方面，通过评价各单项指标在综合指标中所起的作用，删除一些次要的指标，以确定造成污染的最主要成分。

三、实验仪器

软件 IBM SPSS Statistics 26。

四、实验操作步骤

1. 监测数据

采用某湖泊 8 个采样点的监测均值进行水质评价为例，见表 5-5。将数据输入软件 SPSS 26.0 中。

表 5-5　某湖泊水质监测数据　　　　　　　　　　　　　　　　　单位：mg/L

采样点	化学需氧量	五日生化需氧量	总磷	总氮	氨氮
采样点 1	1.13	2.0	0.038	0.200	0.041
采样点 2	1.18	1.4	0.005	0.180	0.033
采样点 3	1.06	1.7	0.006	0.163	0.026

续表

采样点	化学需氧量	五日生化需氧量	总磷	总氮	氨氮
采样点 4	1.03	1.5	0.007	0.200	0.031
采样点 5	0.93	1.7	0.006	0.153	0.027
采样点 6	1.26	1.8	0.005	0.160	0.025
采样点 7	1.39	1.8	0.054	0.232	0.046
采样点 8	1.49	1.6	0.006	0.173	0.033

2．监测数据的标准化

由于不同指标之间会产生量纲和数量级的影响，所以需要将数据进行标准化处理，SPSS不会直接给出标准化数据，要想得到标准化数据，就需要调用描述过程进行计算。具体步骤是：在"分析"菜单"描述统计"中选择"描述"命令，在弹出的"描述性"对话框（图5-2）中，从对话框左侧的变量列表中选择需要分析的变量，使之添加到变量框中，并勾选"将标准化值另存为变量"选项。点击"确定"后得到标准化数据。将标准化数据另存为变量"Z**"，得到的标准化数据见表5-6。

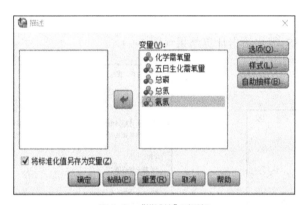

图 5-2 "描述性"对话框

表 5-6 标准化处理后的数据

采样点	Z 化学需氧量	Z 五日生化需氧量	Z 总磷	Z 总氮	Z 氨氮
采样点 1	−0.285	1.658	1.159	0.656	1.112
采样点 2	−0.020	−1.525	−0.570	−0.099	0.034
采样点 3	−0.657	0.066	−0.517	−0.741	−0.910
采样点 4	−0.816	−0.995	−0.465	0.656	−0.236
采样点 5	−1.347	0.066	−0.517	−1.118	−0.775
采样点 6	0.405	0.597	−0.570	−0.854	−1.044
采样点 7	1.095	0.597	1.997	1.863	1.785
采样点 8	1.626	−0.464	−0.517	−0.363	0.034

3．指标选择

在"分析"菜单"降维"中选择"因子分析"命令，在弹出的"因子分析"对话框（图5-3）中，从对话框左侧的变量列表中选择需要分析的变量，使之添加到变量框中。

图 5-3 "因子分析"对话框

4．运算

分别单击"描述""提取""旋转""得分"及"选项"按钮，弹出"因子分析：描述"对话框（图 5-4）、"因子分析：抽取"对话框（图 5-5）、"因子分析：旋转"对话框（图 5-6）、"因子分析：因子得分"对话框（图 5-7）、"因子分析：选项"对话框（图 5-8），按图中显示勾选相关复选框后，单击继续按钮返回"因子分析"对话框，在"因子分析"对话框点击"确定"按钮，完成计算，SPSS 很快给出计算结果（图 5-9）。

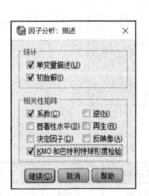

图 5-4 "因子分析：描述"对话框

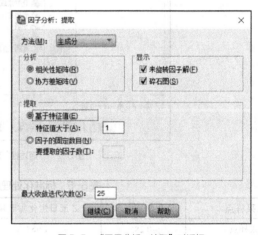

图 5-5 "因子分析：抽取"对话框

图 5-6 "因子分析：旋转"对话框

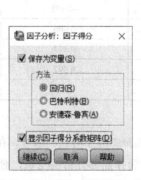

图 5-7 "因子分析：因子得分"对话框

图 5-8 "因子分析：选项"对话框

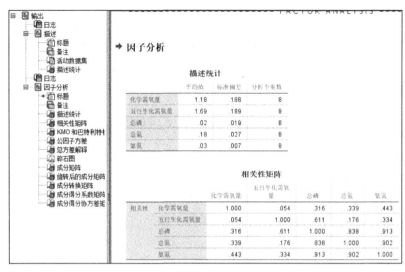

图 5-9 主成分分析的结果

5. 主成分的确定

根据分析结果中的相关系数矩阵、特征值、主成分贡献率和累计贡献率进行分析，按照主成分选取原则，只取特征值 $\lambda>1$ 时对应的主成分，具体见表 5-7。或根据碎石图，特征值大于 1 的个数即为主成分的个数。

表 5-7 特征值与主成分方差贡献率

成分	初始特征值			提取载荷平方和		
	总计	方差百分比	累积/%	总计	方差百分比	累积/%
1	3.163	63.254	63.254	3.163	63.254	63.254
2	1.023	20.462	83.716	1.023	20.462	83.716
3	0.713	14.256	97.971			
4	0.075	1.507	99.479			
5	0.026	0.521	100.000			

注：提取方法为主成分分析法。

从表 5-7 可得：当选取两个主成分时，特征值 $\lambda_1=3.163$，$\lambda_2=1.023$，均大于 1，方差累计贡献率为 83.716%，说明这两个主成分能反映原始指标数据所提供信息的 83.716%。因此，可确定应提取两个主成分，特征值分别为：$\lambda_1=3.163$，$\lambda_2=1.023$。

6. 综合函数的确定

从分析结果中得到主成分得分矩阵系数，本次数据例子的主成分得分矩阵系数如表 5-8 所示。

表 5-8 主成分得分系数矩阵

监测项	主成分 1	主成分 2
总磷	0.435	−0.416
氨氮	−0.249	0.717
总氮	0.159	0.328
五日生化需氧量	0.341	−0.016
化学需氧量	0.319	0.061

综合以上分析，得出主成分表达式分别为：

$$F_1 = 0.319X_1 + 0.341X_2 + 0.435X_3 + 0.159X_4 - 0.249X_5 \tag{5-3}$$

$$F_2 = 0.061X_1 - 0.016X_2 - 0.416X_3 + 0.328X_4 + 0.717X_5 \tag{5-4}$$

根据 λ_1=3.163，λ_2=1.023，计算出综合评价函数：

$$F = \left[\lambda_1/(\lambda_1+\lambda_2)\right]F_1 + \left[\lambda_2/(\lambda_1+\lambda_2)\right]F_2 = 0.756F_1 + 0.244F_2 \tag{5-5}$$

7．综合评价

将各标准化数据代入主成分表达式，计算出各采样点的主成分值，再根据综合评价函数，以各主成分的方差贡献率为权重，计算出各采样点的综合评价得分。由此得出水质污染程度的定量化描述，得分越大，排名越靠前，表明污染越严重。

五、注意事项

1．数据录入可以逐行进行，录入完一个数据后按 Tab 键；数据录入可以逐列进行，录入完一个数据后按 Enter 键；也可按键盘上的上下左右键进行数据录入；还能通过 Excel 文件录入。

2．将数据输入 SPSS 软件后，注意要在变量视图中将数据类型改为"数字"。若数据类型为"字符串"，在指标选择时则无法将需要分析的变量添加到变量框中。

六、数据记录与处理

将各采样点的水质综合评价结果填入表 5-9。

表 5-9　各采样点水质综合评价结果

采样点	F_1	F_1 排名	F_2	F_2 排名	F	F 排名	污染程度
采样点 1							
采样点 2							
采样点 3							

七、思考题

1．什么是 SPSS？如何用 SPSS 进行数据分析？
2．主成分分析法的步骤是什么？
3．主成分分析法适用于哪些问题？

八、实验讨论与小结

SPSS 数据分析中，单位不同时，选择相关系数矩阵；单位相同时，两者皆可。一般而言，度量单位不同，取值范围差异大的时候，流程是先标准化后计算相关系数矩阵，再计算主成分。度量相同，取值范围同量级的时候，使用协方差矩阵为宜。由相关系数计算出的主成分不等于其协方差系数计算出来的主成分，它们呈非线性关系。对于标准化后的数据，协方差的结果等于相关系数的结果。

九、附录

SPSS 统计软件介绍

SPSS（statistical product and service solutions）是世界上最早的统计分析软件，也是最早采用图形菜单驱动界面的统计软件，兼有数据管理、统计分析、统计绘图和统计报表功能，界面友好，使用简单，广泛用于教育、心理、医学、市场、人口、保险等研究领域，也用于产品质量控制、人事档案管理和日常统计报表等。

SPSS 统计软件采用电子表格的方式输入与管理数据，能方便地从其他数据库中读入数据（如 DaBase、Excel、Lotus 等）。它的统计过程包括描述性统计、平均值比较、相关分析、回归分析、聚类分析、数据简化、生存分析、多重响应等几大类，每类中又含同类多种统计过程，比如回归分析中又分线性回归分析、非线性回归分析、曲线估计等多个统计过程，而且每个过程中允许用户选择不同的方法及参数进行统计分析，因此除可以实现常规的各种统计外，还可用来做一些不常用的分析处理。现已推广到各种操作系统的计算机上，它与 SAS、BMDP 并称为国际上最有影响的三大统计软件，已经在我国社会科学、技术科学、自然科学等领域发挥了巨大作用。只要掌握一定的 Windows 操作技能，精通统计分析原理，就可以使用该软件为特定的科研工作服务。

SPSS 统计软件的功能特点：

（1）SPSS 的数据编辑功能：在 SPSS 的数据编辑器窗口中，不仅可以对打开的数据文件进行增加、删除、复制、剪切和粘贴等常规操作，还可以对数据文件中的数据进行排序、转置、拆分、聚合、加权等操作，对多个数据文件可以根据变量或个案进行合并。可以根据需要把将要分析的变量集中到一个集合中，打开时只要指定打开该集合即可，而不必打开整个数据文件。

（2）表格的生成和编辑：利用 SPSS 可以生成数十种风格的表格，根据功能又可有一般表、多响应表和频数表等。利用专门的编辑窗口或直接在查看器中可以编辑所生成的表格。在 SPSS 的高版本中，统计成果多被归纳为表格和（或）图形的形式。

（3）图形的生成和编辑：利用 SPSS 可以生成数十种基本图和交互图。其中基本图包括条形图、线图、面积图、饼、高低图、帕累托图、控制图、箱图、误差条图、散点图、直方图、P-P 概率图、Q-Q 概率图、序列图和时间序列图等，有的基本图中又可进一步细分。交互图比基本图更漂亮，可有不同风格的二维图、三维图。交互图包括条形交互图、点形交互图、线形交互图、带形交互图、饼形交互图、箱形交互图、误差条形交互图、直方交互图和散点交互图等。图形生成以后，可以进行编辑。

（4）与其他软件的联接：SPSS 能打开 Excel、DaBase、Foxbase、Lotus 1-2-3、Access、文本编辑器等生成的数据文件。SPSS 生成的图形可以保存为多种图形格式。现在的 SPSS 软件支持 OLE 技术和 ActiveX 技术，使生成的表格或交互图对象可以与其他同样支持该技术的软件进行自动嵌入与链接。SPSS 还有内置的 VBA 客户语言，可以通过 Visual Basic 编程来控制 SPSS。

（5）SPSS 的统计功能：SPSS 的统计功能是 SPSS 的核心部分，利用该软件，几乎可以完成所有的数理统计任务。具体来说，SPSS 的基本统计功能包括：样本数据的描述和预处理，假设检验（包括参数检验、非参数检验及其他检验），方差分析（包括一般的方差分析和多元方差分析），列联表，相关分析，回归分析，对数线性分析，聚类分析，判别分析，因子分析，对应分析，时间序列分析，可靠性分析。

实验 5.5　程序升温气相色谱法分离多组分混合样品

一、实验目的

1. 加深对气相色谱法分析及监测基本原理的理解。
2. 学会根据分析样品探讨和摸索程序升温实验的操作条件。
3. 了解多种化合物的毛细管程序升温气相色谱分析方法。

二、实验原理

1. 色谱法原理

色谱法是一种重要的分离分析方法，是利用混合物不同组分在两相中具有不同的分配系数（或吸附系数、渗透性等）进行分离分析的。当两相做相对运动时，不同组分在两相中进行多次反复分配实现分离后，通过检测器得以检测，进行定性定量分析（一般是以保留时间定性，以峰面积定量）。其中气相色谱法（gas chromatography，GC）是采用气体作为流动相的一种色谱法。

2. 典型的气相色谱仪流程

具有稳定流量的载气，将进样后的样品在汽化室汽化后，带入色谱柱得以分离，不同组分先后从色谱柱流出，经过检测器和记录仪，得到由代表不同组分及浓度的色谱峰组成的色谱图。其组成有 5 部分，包括载气系统（气源、净化器、气体流量控制和测量等）、进样系统（进样器和汽化室）、分离系统（色谱柱和温控柱箱）、检测系统（检测器）、记录和数据处理系统（放大器、记录仪和色谱数据处理系统）。

3. 程序升温

程序升温是指在色谱进样后，在一次样品分析的时间周期内，按一定的速度以预先设定好的升温程序使整个色谱柱随分析时间的延长呈现线性或非线性升温，从而使样品中的各个组分实现完全的分离。使用程序升温来分析多组分、宽沸程的样品时，样品中的各个组分的分配系数都处于连续变小的状态，使它们在气相中的浓度不断提高，检测器可在较短的时间内连续接收到高浓度的各个组分，使其都在最佳柱温（或称保留温度）下逸出，从而获得满意的分离度和相接近的柱效，并缩短总分析时间。目前在气相色谱各类操作方式中，程序升温方式在 70% 以上。程序升温的条件，包括起始温度、维持起始温度的时间、升温速率、最终温度、维持最终温度的时间，通常都要反复实验加以选择。

三、实验仪器与试剂

1．仪器
气相色谱仪（色谱柱为内径 0.35mm、长 30m 的 TR-5 大口径交联石英毛细管柱）。

2．试剂
正己烷、环己烷、甲苯的混合物，用丙酮稀释。

3．色谱条件
（1）柱温：采用三阶程序升温，其升温程序为从 60℃保留 1min，后以 2℃/min 的升温速率升至 65℃保留 0.5min，最后以 5℃/min 的升温速率升至 70℃保持 1min 即可。

（2）其他条件：汽化室温度 150℃；检测器温度 250℃；进样量 1μL；分流比 100∶1，横流模式，流速 1.0mL/min。

四、实验步骤

（1）按正常操作规程打开氮气，在仪器内流通。

（2）打开色谱的电源开关，分别按实验条件设置柱温、汽化室温度、检测器温度。

（3）待汽化室、检测室温度达到设定温度时，打开空气、氢气，点火。

（4）待各条件都达到设定值后，进样。

（5）依次按下色谱仪的"起始"键、记录仪以及工作站的"起始"键，仪器开始进行分析。

（6）测量完成后，切断空气、氢气，设置柱温到室温，待柱温降至室温后，关闭色谱电源，切断氮气，结束实验。

五、数据记录与处理

1．选取相邻的两个峰，计算分离度。

2．选取任意两个峰，分别计算理论塔板数，并进行结果分析。

六、注意事项

1．待各条件都达到设定值后，再进样。

2．氢气有爆炸风险，须按操作规程使用。

七、思考题

1．如何对分离样品进行定性和定量分析？

2．为什么可用程序升温的方法来分离多组分、宽沸点的样品？

3. 简述常见色谱柱的种类、性能和适用范围。

4. 进样操作应注意哪些事项？在一定的色谱条件下，进样量的大小是否会影响色谱峰的保留时间和半峰宽度？

八、实验讨论与小结

气相色谱法具有分离效能高、选择性好、灵敏度高、样品用量少、分析速度快（几秒至几十分钟）及应用广等优点。受样品蒸气压限制是气相色谱法的弱点，对于挥发性较差的液体、固体样品，需要采用制备衍生物或裂解等方法，增加挥发性。

九、附录

气相色谱法常用术语

（1）相、固定相和流动相：一个体系中的某一均匀部分称为相；在色谱分离过程中，固定不动的一相称为固定相；通过或沿着固定相移动的流体称为流动相。

（2）色谱峰：物质通过色谱柱进到鉴定器后，记录器上出现的一个个曲线称为色谱峰。

（3）基线：在色谱操作条件下，没有被测组分通过鉴定器时，记录器所记录的检测器噪声随时间变化的图线称为基线。

（4）峰高与半峰宽：由色谱峰的浓度极大点向时间坐标引垂线与基线相交点间的高度称为峰高，一般以 h 表示。色谱峰高一半处的峰宽为半峰宽，一般以 $W_{1/2}$ 表示。

（5）峰面积：流出曲线（色谱峰）与基线所构成的面积称峰面积，用 A 表示。

（6）死时间、保留时间及校正保留时间：从进样到惰性气体峰出现极大值的时间称为死时间，以 t_m 表示。从进样到出现色谱峰最高值所需的时间称保留时间，以 t_r 表示。

（7）死体积、保留体积与校正保留体积：死时间与载气平均流速的乘积称为死体积，以 V_m 表示；载气平均流速以 F_c 表示，$V_m=t_m F_c$。保留时间与载气平均流速的乘积称为保留体积，以 V_r 表示，$V_r=t_r F_c$。

（8）保留值与相对保留值：保留值表示试样中各组分在色谱柱中的停留时间的数值，通常用时间或用将组分带出色谱柱所需载气的体积来表示。以一种物质作为标准，而求出其他物质的保留值对此标准物的比值，称为相对保留值。

（9）仪器噪音：基线的不稳定程度称为噪音。

（10）基流：氢焰色谱，在没有进样时，仪器本身存在的基始电流（底电流），简称基流。

实验 5.6　纳米 TiO_2 光催化降解亚甲基蓝

一、实验目的

1. 了解半导体粒子的光催化作用，了解多相光催化。
2. 了解光催化降解有机污染物的基本原理。
3. 掌握用分光光度法测定有机污染物浓度的方法。
4. 绘制光催化降解有机污染物反应的动力学曲线。

二、实验原理

环境污染的控制与治理是人类面临和亟待解决的重大课题。在众多环境污染治理技术中，半导体光催化技术以其室温深度氧化、可直接利用太阳光作为光源来活化催化剂、驱动氧化还原反应等独特性能成为一种理想的环境污染处理技术。研究表明，以 TiO_2 为主的半导体光催化技术能将烷烃、脂肪族化合物、醇、脂肪酸、烯烃、苯系物、芳香羧酸、染料、卤代烃、卤代烯烃、表面活性剂、杀虫剂等有机污染物矿化分解；能将无机重金属离子（Pt^{4+}、Au^{3+}、Rh^{3+}、Cr^{6+} 等）还原沉淀净化；同时 TiO_2 还具有化学稳定性高、价廉、安全无毒等优点。

什么是多相光催化剂？多相光催化是指在有光参与的情况下，发生在催化剂及表面吸附物（如 H_2O、O_2 分子和被分解物等）多相之间的一种光化学反应。

光催化反应是光和物质之间相互作用的多种方式之一，是光反应和催化反应的融合，是光和催化剂同时作用下所进行的化学反应。

以典型的 n 型半导体氧化物 TiO_2 为例，其光催化降解有机污染物的一般原理如下：在紫外光辐照下（$h\nu \geqslant 3.2eV$），TiO_2 体内产生光生电子-空穴对 [式（5-6）]，光生电子和空穴经分离、迁移至 TiO_2 表面。光生空穴具有较强氧化性，可氧化活化 TiO_2 的表面羟基，生成羟基自由基 [式（5-7）]；而光生电子具有还原性，可使 TiO_2 表面的吸附氧因接受光生电子而被还原，生成氧自由基 [式（5-8）]。由于羟基自由基和氧自由基能氧化大多数的有机物，可将有机物氧化矿化成 CO_2 和 H_2O，即达到深度氧化降解有机污染物的目的 [式（5-9）]。

$$TiO_2 \text{ (UV-irradiated)} \longrightarrow e^- + h^+ \tag{5-6}$$

$$OH^- + h^+ \longrightarrow \cdot OH \tag{5-7}$$

$$O_2 + e^- \longrightarrow O_2^{\cdot -} \tag{5-8}$$

$$\cdot OH(\text{和/或 } O_2^{\cdot -}) + \text{有机物} \longrightarrow CO_2 + H_2O \tag{5-9}$$

本实验采用亚甲基蓝为模型反应物，TiO_2 光催化降解亚甲基蓝的过程中，亚甲基蓝溶液的浓度变化采用分光光度计测试分析。

根据 Beer 定律：

$$A = kc \tag{5-10}$$

式中　A——吸光度；
　　　c——被测溶液的浓度；
　　　k——吸收系数。

三、实验仪器与试剂

1. 仪器

7200 型分光光度计、800 型离心沉淀器、离心管（6～8 支）、XPA 系列光化学反应仪、紫外灯（100W）、容量瓶（1000mL、50mL）、移液管（10mL、5mL、1mL）、烧杯（100mL）等。

2. 试剂

亚甲基蓝（分析纯）、纳米 TiO_2 粉体（商品名为 P-25，活化温度为 350℃）、HCl 溶液、NaOH 溶液。

四、实验操作步骤

1. 光催化反应系统的建立

图 5-10 为 XPA 系列光化学反应仪。

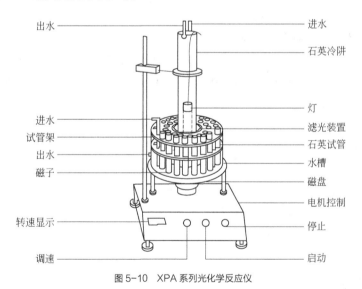

图 5-10　XPA 系列光化学反应仪

2. 测定亚甲基蓝溶液最大吸收波长

准确配制 1L、20.0mg/L 亚甲基蓝溶液，取一定量的 20.0mg/L 亚甲基蓝溶液稀释 10 倍，用分光光度计测定吸光度，用 1cm 比色皿，以蒸馏水为空白，在 660～670nm 之间扫描，选择合适的吸收波长，使亚甲基蓝溶液的吸光值达到最大（～664nm），固定此吸收波长，考察光催化过程中亚甲基蓝溶液浓度（或吸光度）的变化情况。

3. 光催化降解实验与分析方法

采用 XPA 系列光化学反应仪（图 5-10）进行光催化反应，反应在 50mL 石英试管中进行，每组 6~8 支试管，光源置于冷阱中，在反应过程中冷阱通入冷凝水，石英管可以绕光源旋转并自转，石英管中加入磁子可进行搅拌。光催化反应前，6~8 支试管中分别加入 50mg 催化剂和 50mL 浓度为 20mg/L 亚甲基蓝放入试管中，不开灯，以 700r/min 的速度搅拌 30min，使亚甲基蓝在 TiO_2 样品表面的吸附-脱附达到平衡。取出第一支试管，开灯，在 100W 汞灯光照反应过程中，搅拌速度同前。从第一支试管取 3mL 悬浮液到离心管离心，取上层清液，以蒸馏水为参比，测定亚甲基蓝溶液的吸光度，作为 t=0 时刻的样品 A_0 值，每隔 20min 取一支试管（时间可前密后疏），进行经离心分离后，分光光度计测试分析，记录各时刻溶液的吸光度值 A，从而分析催化剂亚甲基蓝染料的降解情况。亚甲基蓝溶液的脱色率 D 用下式计算：

$$D = \frac{A_0 - A}{A_0} \times 100\% \tag{5-11}$$

式中　　D——染料溶液的光催化脱色率；

　　　　A_0——染料溶液的初始吸光度值；

　　　　A——染料溶液降解后的吸光度值。

4. 光催化反应时间对亚甲基蓝溶液脱色率的影响

取 50mL、20mg/L 亚甲基蓝溶液于石英试管中，加 50mg P-25（TiO_2 粉体），不开灯，搅拌 30min，使亚甲基蓝在 TiO_2 样品表面的吸附-脱附达到平衡，取出溶液，离心分离，测定溶液吸光度，开灯，进行光降解，隔 20min 取一支样，反应时间为 120~160min，测定亚甲基蓝间隔不同时间吸光度，并绘制脱色率对时间作图（$D\sim t$）和 $\ln(c_0/c_t)\sim t$ 曲线图。

5. pH 对亚甲基蓝降解率的影响

取一系列亚甲基蓝溶液于反应器中，用 pH 计调节（加 HCl 溶液和 NaOH 溶液）亚甲基蓝溶液的 pH 值分别为 3.0、4.6、6.0、8.0、10.0。按上述的方法测定其吸光度，反应时间为 60min，并绘制脱色率 D 对 pH 作图。

五、注意事项

1. 按照 XPA 系列光化学反应仪操作方法操作仪器，先通水，再开电。
2. 取样品管时要停止旋转，快速取出。
3. 称催化剂要戴口罩，以免吸入。

六、数据记录与处理

1. 找出最大吸收波长，并计算出染料在不同时刻的脱色率。
2. 绘制脱色率对时间（$D\sim t$）曲线图。
3. 绘制 $\ln(c_0/c_t)\sim t$ 曲线图。
4. 绘制脱色率 D 对 pH 图。

七、思考题

1. 什么叫多相催化反应？
2. 用光催化降解污染物有什么优势？
3. 查阅相关文献，试说明固-液多相光催化反应中有如此反应级数的原因。
4. 根据绘制 $\ln(c_0/c_t) \sim t$ 曲线图，拟合关系曲线，判断反应级数，求出表观反应速率常数和半衰期 $t_{1/2}$，对结果进行分析

八、实验讨论与小结

光催化降解有机污染物的反应主要受两方面因素的影响：一是催化剂本身的性质；二是外部反应条件。对于催化剂本身，其主要由催化剂的制备方法决定。外部因素有光强、污染物的初始浓度、反应温度、反应湿度、反应气体中氧含量、反应停留时间等。本实验中 TiO_2 粒子的表面结构、组成、活性、稳定性对光催化效率的高低起着非常关键的作用。

九、附录

光催化剂 TiO_2 的性质和优点

许多半导体材料（如 TiO_2、ZnO、Fe_2O_3、ZnS、CdS 等）具有合适的能带结构，可以作为光催化剂。但是，由于某些化合物本身具有一定的毒性，而且有的半导体在光照下不稳定，存在不同程度的光腐蚀现象。在众多半导体光催化材料中，TiO_2 以其化学性质稳定、氧化还原性强、抗腐蚀、无毒及成本低而成为目前最为广泛使用的半导体光催化剂。

TiO_2 属于一种 n 型半导体材料，它有三种晶型——锐钛矿相、金红石相和板钛矿相。其中板钛矿的光催化性能和稳定性最差，基本没有相关的研究和应用；而锐钛矿型和金红石型均属四方晶系，两种晶型都是由相互连接的 TiO_6 八面体组成的，每个 Ti 原子都位于八面体的中心，且被 6 个 O 原子围绕。两者的差别主要是八面体的畸变程度和相互连接方式不同。金红石和锐钛矿晶胞结构的差异也导致了这两种晶型物化性质的不同。从热力学角度看，金红石是相对最稳定的晶型，熔点为 1870℃；而锐钛矿是二氧化钛的低温相，一般在 500~600℃ 时转变为金红石。二氧化钛晶型转变的实质是晶胞结构组成单元八面体的结构重排。金红石晶型结构中原子排列更加致密，密度、硬度、介电常数更高，对光的散射也更大。因此，金红石是常用的白色涂料和防紫外线材料，对紫外线有非常强的屏蔽作用，在工业涂料和化妆品方面有着广泛的应用。锐钛矿的带隙宽度为稍大于金红石，光生电子和空穴不易在表面复合，因而具有更高的光催化活性，能够直接利用太阳光中的紫外光进行光催化降解，而且不会引起二次污染。因此，锐钛矿是常用的处理环境污染方面问题的光催化材料。

TiO_2 作光催化剂具有以下优点：
（1）把太阳能转化为化学能加以利用。

（2）降解速度快，光激发空穴产生的·OH是强氧化自由基，可以在较短时间内成功分解包括难降解有机物在内的大多数有机物。

（3）降解无选择性，几乎能降解任何有机污染物，降解范围广，几乎对所有的污水都可以采用。

（4）具有高稳定性、耐光腐蚀、无毒等特点，并且在处理过程中不产生二次污染；有机污染物能被氧化降解为 CO_2 和 H_2O，并且其对人体无毒。

（5）反应条件温和，投资少，能耗低，用紫外光照射或暴露在太阳光下即可发生光催化化学反应。

（6）反应设备简单，易于操作控制。

（7）光催化反应具有稳定性，一般情况下，负载 TiO_2 光催化剂能多次使用，不影响反应效果，催化作用持久高效。

参考资料

[1] 奚旦立, 孙裕生. 环境监测[M]. 4版. 北京: 高等教育出版社, 2010.
[2] GB 13200—1991 水质 浊度的测定
[3] 武汉大学. 分析化学. 6版[M]. 北京: 高等教育出版社, 2016.
[4] 魏复盛. 水和废水监测分析方法指南[M]. 4版. 北京: 中国环境科学出版社, 2002.
[5] GB 3838—2002 地表水环境质量标准
[6] GB 7467—1987 水质 六价铬的测定
[7] HJ 535—2009 水质 氨氮的测定 纳氏试剂分光光度法
[8] 王安, 曹值菁, 杨怀金. 环境监测实验指导[M]. 成都: 四川大学出版社, 2016.
[9] GB/T 14424—2008 工业循环冷却水中余氯的测定
[10] GB/T 11914—1989 水质 化学需氧量的测定 重铬酸盐法
[11] CJ/T 3018.12—1993 生活垃圾渗沥水 化学需氧量（COD）的测定 重铬酸钾法
[12] ISO 6060—1989 水质 化学需氧量的测定
[13] HJ 828—2017 水质 化学需氧量的测定 重铬酸盐法
[14] GB/T 7489—1987 水质 溶解氧的测定 碘量法
[15] ISO 5813—1983 水质 溶解氧的测定 碘量法
[16] HJ 505—2009 水质 五日生化需氧量（BOD_5）的测定 稀释与接种法
[17] GB/T 11894—1989 水质 总氮的测定 碱性过硫酸钾消解紫外分光光度法
[18] GB 11893—1989 水质 总磷的测定 钼酸铵分光光度法
[19] HJ 593—2010 水质 单质磷的测定 磷钼蓝分光光度法
[20] 李玉华, 王琨, 等. 室内空气甲醛污染进展[C]. 第十三届全国大气环境学术会议, 2006.
[21] 张元刚, 等. 乙酰丙酮分光光度法测定空气中甲醛及其影响因素研究[J]. 江西农业学报. 2009, 21(9):141-142.
[22] 江俊俊, 汪模辉, 等. 乙酰丙酮分光光度法测定室内空气中甲醛的研究[J]. 广东微量元素科学. 2005, (6):57-60.
[23] 郭二果, 王成, 郄光发, 等. 城市空气悬浮颗粒物时空变化规律及影响因素研究进展[J]. 城市环境与城市生态, 2010(05):34-37.
[24] 房春生, 王菊, 张子宜, 等. 化学质量平衡法在环境空气总悬浮颗粒物源解析中的应用[J]. 科技咨询导报, 2007(19):67.
[25] 沈恒华, 黄世鸿, 李如祥. TSP的来源与气象因素对TSP测试的影响[J]. 环境监测管理与技术, 1996, 8(4):15-19.
[26] 柯昌华, 金文刚, 钟秦. 环境空气中大气颗粒物源解析的研究进展[J]. 重庆环境科学, 2002, 24(3):55-59.

[27] 尹振东. 气象条件对可吸入颗粒物浓度的影响[J]. 环境科学与管理，2005, 30(3):46-47.

[28] 刘首正. 浅析大气颗粒物对环境的影响与治理[C]. 辽宁省环境科学学会 2013 年学术年会暨中国北方七省区煤矿生态修复技术论坛. 辽宁省环境科学学会，2013.

[29] GB/T 15432—1995 环境空气总悬浮颗粒物的测定重量法

[30] HJ 482—2009 环境空气　二氧化硫的测定　甲醛吸收-副玫瑰苯胺分光光度法

[31] 国家环境保护总局. 空气和废气监测分析方法[M]. 4 版. 北京：中国环境科学出版社，2003.

[32] 冯丽君, 王军. 对环境空气中二氧化硫测定方法的改进[J]. 北方环境，2005, 30(1):78-79.

[33] 杨佳艳. 甲醛溶液吸收法测定环境空气中二氧化硫的方法探讨[J]. 环境科学与管理，2012, 37(1): 150-153.

[34] GB 8969—1988 空气质量　氮氧化物的测定　盐酸萘乙二胺比色法

[35] GB/T 15436—1995 环境空气　氮氧化物的测定　Saltzman 法

[36] HJ 479—2009 环境空气　氮氧化物（一氧化氮和二氧化氮）的测定　盐酸萘乙二胺分光光度法

[37] HJ 870—2017 固定污染源废气二氧化碳的测定　非分散红外吸收法

[38] GB /T 18204.2—2014 公共场所卫生检验方法　第 2 部分　化学污染物

[39] 章婷婷. 靛蓝二磺酸钠分光光度法测定空气中臭氧浓度的不确定度评定[J]. 环保科技，2021, 27(2): 40-43.

[40] CNAS-GL006: 2018 化学分析中不确定度的评估指南

[41] GB 3096—2008 声环境质量标准

[42] 中华人民共和国环境噪声污染防治法（2021）

[43] 董文庚, 等. 矿山环境工程[M]. 北京. 海洋出版社. 2009.

[44] 刘绮, 潘伟斌. 环境质量评价[M]. 广州. 华南理工大学出版社，2004.

[45] GBZ/T 189.8—2007 工作场所物理因素测量　第 8 部分　噪声

[46] GB/T 12604.4—2005 无损检测　术语　声发射检测

[47] JB/T 8283—1999 声发射检测仪器性能测试方法

[48] JB/T 7667—1995 在役压力容器声发射检测评定方法

[49] 何若, 吴伟祥. 固体废物污染控制工程实验讲义[M]. 浙江大学环境与资源实验教学中心，2019.

[50] HJ/T20—1998 工业固体废物采样制样技术规范

[51] CJ/T313—2009 生活垃圾采样和物理分析方法

[52] HJ 298—2019 危险废物鉴别技术规范

[53] JC 518—1993 天然石材产品放射防护分类控制标准

[54] 宁平. 固体废物处理与处置[M]. 北京：高等教育出版社，2007.

[55] 张禄文, 孙可伟. 城市垃圾资源化分选工艺[J]. 中国资源综合利用，2004(1):10-12.

[56] 张禄文. 城市生活垃圾破碎筛分设备工艺研究[D]. 昆明理工大学，2004.

[57] 徐颖, 李海燕, 李红喜. 热分析实验[M], 北京：学苑出版社，2011.

[58] 刘振海, 等. 热分析仪器[M]. 北京：化学工业出版社，2006.

[59] 孙利杰. 热分析方法综述[J]. 科技资讯，2007(9):17.

[60] 黄张洪, 赵惠, 吕利强, 等. 热分析技术及其应用[J]. 热加工工艺，2010, 39(7):19-22, 26.

[61] 张美玲, 孙元雪, 闫立东. 热分析技术的应用[J]. 化工中间体，2012, 9(2):54-56.

[62] 康春莉，徐自立，马小凡. 环境化学实验[M]. 4版. 长春：吉林大学出版社，2000.

[63] 张彦雄，李丹，张佐玉，等. 两种土壤阳离子交换量测定方法的比较[J]. 贵州林业科技，2010，38(1):45-49.

[64] 刘小楠，崔巍. 主成分分析法在汾河水质评价中的应用[J]. 中国给水排水，2009, 25(18): 105-108.

[65] 张文霖. 主成分分析在SPSS中的操作应用[J]. 市场研究，2005(12):31-34.

[66] 吉祝美，方里，张俊，等. 主成分分析法在SPSS软件中的操作及在河流水质评价中的应用[J]. 环保科技，2012, 18(4):38-43.

[67] 杨海英，郭俊明，王红斌，等. 仪器分析实验[M]. 北京：科学出版社，2015.

[68] 李先学，陈彰旭，沈高扬，等. TiO_2光催化降解染料废水的研究进展[J]. 染料与染色，2010, 47(2):42-45, 36.

[69] 许凤秀，冯光建，刘素文，等. TiO_2降解有机染料废水的研究进展[J]. 硅酸盐通报，2008,27(5):991-995.

[70] 赵军，倪伟凤，程健，等. 纳米TiO_2光催化降解亚甲基蓝的动力学研究[J]. 安全与环境工程，2010, 17(4):17-20.

[71] 樊卫平，赵鹏，向汉忠，等. 纳米TiO_2光催化降解亚甲基蓝的研究[J]. 西北大学学报（自然科学版），2002, 32(6):641-643, 650.

[72] 刘满红，胡远飞，王锐，等. 超声制纳米TiO_2及光催化降解活性深蓝的研究[J]. 工业水处理，2010, 30(6):25-27.